ERNST PETER FISCHER

Der kleine Darwin

Ernst Peter Fischer

DER KLEINE DARWIN

ALLES, WAS MAN ÜBER EVOLUTION WISSEN SOLLTE

Anaconda

Dieses Buch erschien erstmals 2009 bei Pantheon in München.
Für diese Ausgabe wurde sie vom Autor durchgesehen und
an wenigen Stellen leicht überarbeitet.

Penguin Random House Verlagsgruppe FSC® N001967

Die Deutsche Nationalbibliothek verzeichnet diese Publikation
in der Deutschen Nationalbibliografie; detaillierte bibliografische Daten
sind im Internet unter http://dnb.d-nb.de abrufbar.

Umschlagmotive: Darwin: Julia Margaret Cameron, Charles Darwin,
1880 (Ausschnitt); Schmetterling, Fledermaus: © Look and Learn /
Bridgeman Images; Sperling: Photo © Infatti / Bridgeman Images;
Fisch: SSPL/UIG / Bridgeman Images; Darwinnandu:
© Natural History Museum, London / Bridgeman Images
Umschlaggestaltung: Druckfrei. Dagmar Herrmann, Bad Honnef
Satz und Layout: Satzwerk Huber, Germering
Druck und Bindung: CPI books GmbH, Leck
Printed in the EU
ISBN 978-3-7306-1429-7
www.anacondaverlag.de

Für die kleinen Hofers, Vincent und Isabell, und ihre Großmütter (wie im »Familienleben«).

Inhalt

Auftakt

Menschen sind von Natur aus neugierig. Sie wollen zum Beispiel wissen, wie die Gegenwart, die wir erleben, eigentlich zustande gekommen ist. Wie hat sich das Wirkliche und Wirkende gebildet, das uns umgibt? Wie hat sich das entwickelt, was wir gerne »die Natur des Menschen« nennen, die das alles und noch mehr erst wissen und dann auch erzählend darstellen will?

Wer solche Fragen stellt, ist gut beraten, sich an die Wissenschaft zu halten, wobei es vor allem die Naturwissenschaften sind, die in einigen Fällen nicht nur zuverlässige – also überprüfbare – und zufriedenstellende, sondern auch clevere und konsensfähige Auskünfte geben können – zum Beispiel über den Prozess, den wir als Evolution des Lebens kennen und der auch unsere Entwicklung ermöglicht hat. Was ist damit gemeint?

Unter Entwicklung beziehungsweise Evolution versteht man den Vorgang der allmählichen und kontinuierlichen Veränderungen – Modifikationen, Variationen, Varianten, Varietäten, Mutationen, Abwandlungen, Umformungen, Neukombinationen, Transformationen –, die Organismen von Generation zu Generation hervorbringen, wenn sie Nachkommen erzeugen. In einer auf Charles Darwin zurückgehenden Kurzformel lässt sich Evolution als »modification by descent« charakterisieren. Der damit bezeichnete »Wandlungsprozess durch Abstammung« erweist sich als notwendig und zugleich angemessen in einer Welt, die zum einen seit ihrem Bestehen nichts anderes getan hat, als sich zu ändern, und die zum andern sich künftig nur dahingehend nicht ändert, dass sie an dieser formenden Dynamik festhält.

Dieser weit reichende Gedanke, mit dem in einem wissenschaftlich gespannten Rahmen erklärt werden soll, auf welch raffinierte Weise und über welch lange Zeiträume die bemerkenswerte Vielfalt der beobachtbaren Lebensformen möglich geworden ist, findet seinen frühen gültigen Ausdruck in dem Buch, das Charles Darwin 1859 unter dem barocken Titel *Die Entstehung der Arten durch natürliche Zuchtwahl oder die Erhaltung der begünstigten Rassen im Kampfe ums Dasein* vorgelegt hat. Darwins große Erzählung über die Entstehung der Arten endet mit einem eleganten Absatz, den wir hier an den Anfang stellen mit dem Hinweis, dass der am Schluss angerufene »Schöpfer« nicht in allen Auflagen des Buches zu finden ist und vom Zeitpunkt des Erscheinens an umstritten war:

> *Wie anziehend ist es, ein mit verschiedenen Pflanzen bedecktes Stückchen Land zu betrachten, mit singenden Vögeln in den Büschen, mit zahlreichen Insekten, die durch die Luft schwirren, mit Würmern, die über den feuchten Erdboden kriechen, und sich dabei zu überlegen, dass alle diese so kunstvoll gebauten, so sehr verschiedenen und doch in so verzwickter Weise voneinander abhängigen Geschöpfe durch Gesetze erzeugt worden sind, die noch rings um uns wirken. Diese Gesetze, im weitesten Sinne genommen, heißen: Wachstum mit Fortpflanzung; Vererbung (die eigentlich schon in der Fortpflanzung enthalten ist); Veränderlichkeit infolge indirekter oder direkter Einflüsse der Lebensbedingungen und des Gebrauchs oder Nichtgebrauchs; so rasche Vermehrung, dass sie zum Kampf ums Dasein führt*

> *und infolgedessen auch zur natürlichen Zuchtwahl, die ihrerseits wieder die Divergenz der Charaktere und das Aussterben der minder verbesserten Formen veranlasst. Aus dem Kampf der Natur, aus Hunger und Tod geht also unmittelbar das Höchste hervor, das wir uns vorstellen können: die Erzeugung immer höherer und vollkommenerer Wesen. Es ist wahrlich etwas Erhabenes an der Auffassung, dass der Schöpfer den Keim des Lebens, das uns umgibt, nur wenigen oder gar nur einer einzigen Form eingehaucht hat und dass, während sich unsere Erde nach den Gesetzen der Schwerkraft im Kreise bewegt, aus einem so schlichten Anfang eine unendliche Zahl der schönsten und wunderbarsten Formen entstand und noch weiter entsteht.*

Wer sich ohne Vorurteile den nachvollziehbaren und sinnvollen zweckmäßigen Bemühungen um Antworten auf die Fragen nach dem Verständnis von Wirklichkeit zuwenden möchte, wird kaum der Ansicht des amerikanischen Philosophen John R. Searle widersprechen, die er in seinem Buch *Die Konstruktion der gesellschaftlichen Wirklichkeit* aus dem Jahr 1995 (deutsch 1997) geäußert hat. Searle stellt darin fest, dass es für diesen Zweck zwei Theorien gibt, die nicht zur Disposition stehen und deren Kenntnis für einen Bürger unserer Zeit – also des späten 20. und frühen 21. Jahrhunderts – unerlässlich ist: »Für einen gebildeten Menschen unserer Zeit ist es unabdingbar, dass er über zwei Theorien unterrichtet ist: die Atomtheorie der Materie und die Evolutionstheorie der Biologie.«

Das vorliegende Buch hat in seiner ersten Auflage dem Leser die Möglichkeit geboten, die zweite Bedingung in Charles Darwins Jubiläumsjahr zu erfüllen, in dem nicht nur sein 200. Geburtstag, sondern auch der 150. Jahrestag der Veröffentlichung seines bereits erwähnten Hauptwerks über *Die Entstehung der Arten* begangen wird.

Wer sich der anderen Theorie, die Searle nennt, zuwenden will und somit nach dem Werden des Lebens auch den Aufbau der Materie erkunden möchte, kann dafür ebenfalls auf ein Jubiläum warten – nämlich auf das Jahr 2025, in dem die Physik den 100. Jahrestag der Entdeckung des Weges feiern wird, der sie ins Innere der Welt geführt hat. Vielleicht entwickelt aber jemand bereits im Verlauf der Lektüre dieses Buches das Gefühl, dass es sich auch ohne äußere Anlässe lohnt, wissenschaftlichen Ideen nachzuspüren, vor allem wenn sie sowohl unsere Auffassung von Wirklichkeit beeinflussen als auch zum Verständnis der menschlichen Natur beitragen. Wissenschaft kommt von innen, und deshalb kann und sollte sie dahin zurückkehren. Machen wir uns auf die Reise, die bei und mit der Evolution letztlich jeden ganz sicher zu sich selbst führt.

Ernst Peter Fischer
Heidelberg, im Frühjahr 2024

DARWINS WELT

Leben und Familie

Auch ein folgenreiches Leben kann in nüchternen Daten erfasst werden, von denen zunächst einige mit ein paar Ausschmückungen aufgeführt werden sollen, um danach auf erste Zusammenhänge eingehen zu können:

Charles Darwin wird am 12. Februar 1809 in Mittelengland in der mittelalterlichen Stadt Shrewsbury als Sohn eines wohlhabenden Arztes geboren. Er sammelt in seiner Jugend leidenschaftlich Käfer, studiert einige Jahre eher gelangweilt Medizin und Theologie – das eine im schottischen Edinburgh und das andere im englischen Cambridge – und kann anschließend zwischen 1831 und 1836 an der weltumspannenden Vermessungsfahrt des königlichen Schiffes HMS *Beagle* (»Her Majesty's Ship«) teilnehmen, die ihn 1835 für fünf Wochen auf die Galapagosinseln führt. Nach seiner Rückkehr in die Heimat lebt Darwin zunächst in Cambridge und London, bevor er sich 1842 auf den Landsitz seiner Familie einige Meilen südlich von London, in das Dörfchen Down in der Grafschaft Kent, zurückzieht. In der selbst gewählten Abgeschiedenheit bringt er im Verlauf der ihm verbleibenden vier Jahrzehnte ein erstaunlich umfangreiches und äußerst vielfältiges Werk zu Papier. Zuerst erscheint *Die Fahrt der »Beagle«*, und zwar in Form eines »Tagebuchs mit Erforschungen der Naturgeschichte und Geologie der Länder, die auf der Fahrt von HMS *Beagle* unter dem Kommando von Kapitän Robert FitzRoy besucht wurden«, wie der Untertitel lautet. Dann macht sich Darwin Gedanken über das Züchten von Tieren und verfasst riesige Wälzer über Rankenfußkrebse und Entenmuscheln, bevor er sich schließlich seinem Hauptwerk zuwendet, das 1859 erscheint. Der *Entstehung der Arten* lässt er unter anderem noch Bücher über die Befruchtung von Orchideen durch Insekten, die Ausweitung seines evolutionären Gedankens auf die Herkunft des Menschen und das Bewegungsvermögen von Kletterpflanzen folgen, bevor er sich in seiner letzten Lebensphase der Bedeutung von Würmern für den Erdboden zuwendet und deren ökologisches Treiben ein Jahr vor seinem Tod umfangreich darstellt.

Darwin stirbt am 19. April 1882 in seinem Haus in Down und wird wenige Tage später feierlich in London – in der Westminsterabtei – neben anderen Heroen der Wissenschaft wie Isaac Newton beigesetzt. So ruhig und bescheiden Darwin gelebt hat, so aufregend und anspruchsvoll erweisen sich seine Gedanken, die zwar einigen Ideologen und Ideologien gefährlich erscheinen, die aber von Down aus die Kulturwelt bereichern und für die ihm sein Land zuletzt Dank, Ehre und Anerkennung zuteilwerden lässt.

Darwins Leben nach der Weltreise findet im sogenannten Viktorianischen Zeitalter statt, das seine Bezeichnung einer jungen Frau namens Victoria verdankt, die am 28. Juni 1838 – einen Monat nach ihrem achtzehnten Geburtstag – Königin von England wird und diese Position bis in das 20. Jahrhundert hinein – mehr als sechzig Jahre lang – bekleidet. Königin Victoria stirbt am 22. Januar 1901, also in einer Zeit, in der die Wissenschaft erste Klarheit über die Gesetze der Vererbung gewinnt, deren Kenntnis Darwin von Nutzen hätte sein können, da durch sie verständlich wird, wie die Weitergabe der Eigenschaften des Lebens – und damit auch die von den Naturforschern beobachteten Entwicklungen und Varianten – gelingen kann.

Dass Darwin seine späteren Jahre nahezu ausschließlich auf dem Land verbringt, wird von Biographen unter anderem durch eine merkwürdige Krankheit erklärt, die ihm unentwegt Übelkeit und Erbrechen verursacht. Schon bald nach der Rückkehr von der Weltreise treten Magenbeschwerden bei ihm auf, aber keiner seiner Zeitgenossen kann ihm helfen und den auslösenden Faktor für seinen qualvollen Zustand ausfindig machen. Sein Leiden gestattet ihm nur ein paar Stunden Arbeit täglich, was einen Beobachter umso erstaunter auf die zahlreichen, ausführlichen und stets umfangreichen Schriften – Briefe, Notate, Notizhefte und Bücher – blicken lässt, die der Kranke offenbar unermüdlich verfasst und zwischen 1838 und 1881 publiziert.

Nachdem er sein Hauptwerk – *Die Entstehung der Arten* – abgeschlossen hat, setzen häufig besonders langwierige Krankheitsperioden ein, die ihn verschiedentlich fast völlig in die Knie zwingen. »Als er im Jahr 1866 das Krankenzimmer wieder verlassen konnte, war er der gebrechliche Greis mit dem mächtigen, grauen Vollbart geworden, dessen Bild wir heute vor Augen haben, wenn wir den Namen Darwin hören«, wie seine Biographin Janet Browne schreibt.

Eine große Hilfe in diesen Tagen des Leidens ist ihm seine Ehefrau Emma, mit der er seit 1839 verheiratet ist. Durch diese Eheschließung hat Darwin tatsächlich bekommen, was er im Jahr zuvor als Vorteil einer Ehe notiert hat, nämlich eine »ständige Gefährtin (und Freundin im Alter) […], die sich für einen interessiert«, und so etwas sei »jedenfalls besser als ein Hund«. Es ist nicht bekannt, ob es Darwin leicht- oder schwergefallen ist, Emma einen Heiratsantrag zu machen, wobei vor allem unklar ist, ob die Tatsache, dass sie seine Cousine und ihm schon von Kindertagen her vertraut ist, darauf Einfluss gehabt hat. Sicher ist jedoch, dass Emma ihn geliebt hat, und beide

Abb. 1 Charles Darwin im Jahr 1874.

gelten als ein sich herzlich zugetanes und zufrieden lebendes Paar, das mit einer großen Nachkommenschaft gesegnet ist und eine große Familie mit zehn Kindern – sechs Söhnen und vier Töchtern – bildet.

Die Auserwählte hat auch den Vorteil, aus einer wohlhabenden Familie zu stammen – Emma ist die Enkelin von Josiah Wedgwood, dem Begründer der weltberühmten Porzellanmanufaktur –, und ihre Mitgift erlaubt Darwin sowohl ein sorgenfreies Dasein als Privatgelehrter als auch den Erwerb eines Backsteingebäudes auf dem Land in Down.

Die Trauung von Emma und Charles findet am 28. Januar 1838 auf dem Landsitz der Familie Wedgwood statt, von dem es zunächst zurück nach London geht, wo die Vermählten ihren ersten gemeinsamen Lebensabschnitt verbringen. In diesen Tagen hat Darwin bereits damit begonnen, mehrere Notizbücher anzulegen, mit deren Hilfe er versucht, Ordnung in die Gedanken zu bringen, die sich ihm nach der Weltreise aufdrängen. Dazu gehört auch ein sogenanntes E-Notizbuch, das er lange Zeit geheim hält, uns aber heute zugänglich ist. Dort lesen wir, was Darwin am Tag seiner Vermählung fasziniert und ziemlich ausführlich eingetragen hat – nämlich die Ansicht, die sein auf der Hochzeit anwesender Onkel John Wedgwood über den Anbau von Rüben geäußert hat.

Emmas Vermögen ist nicht das einzige Geld, über das Darwin verfügt. Auch sein Vater, Robert Waring Darwin, hat viel zu vererben, denn dessen Vater, Erasmus Darwin, hatte sich nicht nur als Dichter, Arzt und Naturwissenschaftler einen Namen gemacht, sondern in seinem um 1795 erschienenen Hauptwerk *Zoonomia* sogar schon so etwas wie eine frühe Form der Abstammungsidee (Deszendenztheorie) formuliert. Das hatte ihm einen höchst ehrenvollen Platz auf dem Index der verbotenen Bücher im Vatikan eingebracht.

Mit dem – auch in biologischer Hinsicht – äußerst fruchtbaren Großvater stößt man auf den merkwürdigen Befund, dass in der Ahnentafel von Charles Darwin zwei herausragende Männer aus höchst unterschiedlichen Sphären zu finden sind: Der eine ist ein Industrieller, der mit seiner Erfindung der heute noch angebotenen »Wedgwoodware« erfolgreich zu der Industriellen Revolution beigetragen hat, die die britische Gesellschaft damals veränderte. Der andere ist ein Intellektueller, der die geistige Blüte befördert hat, die man dem England des 18. Jahrhunderts bescheinigen darf. Diese Kombination macht es für Historiker sehr verlockend, sie als einen Grund für Darwins Leistungsfähigkeit anzuführen.

Vor dieser Instrumentalisierung der beiden Vorfahren muss aber gewarnt werden. Denn, wie Janet Browne feststellt, »in Wirklichkeit wies [Darwin] im Persönlichkeitsbild mit keinem der beiden irgendeine Ähnlichkeit auf, den Umstand ausgenommen, dass auch er in einem familiären Binnenklima aufwuchs, das entschieden mitbestimmt wurde von geistiger Aufgeschlossenheit, Freidenkertum und Interesse für die Naturwissenschaften«. Unabhängig davon ist auf jeden Fall der von den Großvätern herkommende Wohlstand von Nutzen, in den Darwin hineingeboren wird. Er garantiert ihm, wie es bei Browne weiter heißt, »einen dauerhaften Platz im gesellschaftlichen Leben der oberen Mittelklasse und die sichere Aussicht auf ein ansehnliches Erbe, was beides eine wesentliche Rolle beim Zustandekommen seiner späteren Leistungen spielte«.

Der sicher glücklichen Kindheit Darwins, in deren Verlauf schon früh eine Faszination für die Natur und ihre Geschöpfe – vor allem Käfer – zutage tritt, folgen mühsamere Zeiten als Student, was mit der vom Vater vorgegebenen Wahl des Medizinstudiums zusammenhängt, die ihn schon bald – vor allem bei blutigen chirurgischen Eingriffen, die noch ohne Narkose vorgenommen werden –, sehr belastet.

Als Student fängt Darwin an, sich als Naturforscher zu betätigen, und er erkundet marine Weichtiere in der Nordsee. Er tut dies unter Anleitung von Robert Grant, der zu der medizinischen Fakultät von Edinburgh gehört und den damals bereits geäußerten und erörterten Gedanken eines evolutionären Zusammenhangs der Lebensvielfalt vertritt. Bei der Analyse von schwarzen Kügelchen, die sich ab und zu in Austernschalen finden, entdeckt der achtzehnjährige Darwin, dass es sich nicht – wie bislang angenommen – um die Sporen von Algen, sondern um die Eier von Rochenegeln handelt. Überhaupt weckt Grant Darwins Interesse an den Vorgängen der Fortpflanzung, und er lenkt damit dessen Aufmerksamkeit auf das Problem der Abstammung. Es ist also anzunehmen, dass der Naturforscher als junger Mann in Edinburgh zweierlei gelernt hat: Zum einen lassen sich große Fragen – etwa nach der Herkunft der Formenvielfalt – klarstellen und systematisch untersuchen, und zum andern können die Antworten mithilfe von kleinen Hinweisen gelingen, die der eigenen Beobachtung zugänglich und zu verdanken sind.

Dennoch ist Darwins Vater zunächst nicht erfreut, als Charles das Medizinstudium abbricht. Er gibt sich aber zufrieden, als der Sohn sich stattdessen für Theologie einschreibt, diesmal in Cambridge. Zwar wird er hier drei fabelhafte Jahre verbringen, wie alle Biographen meinen, aber über Gott denkt er nicht unbedingt viel nach. Dafür sammelt er lieber Käfer und anderes Getier, nimmt an Fuchsjagden teil und schießt auf Federvieh, wie es damals Brauch war. Irgendwann beschäftigt er sich aber auch mit theologischen Themen, und bald wecken die Schriften von William Paley sein Interesse, der 1802 sein Hauptwerk *Natürliche Theologie* (deutsch 1837) vorgelegt hat. In diesem Buch erläutert der Geistliche, warum die Lebewesen so gut in die Welt passen und über zweckmäßig funktionierende Organe verfügen. Das sei das geniale Werk eines gütigen Gottes, so Paley, der in der seiner Ansicht nach perfekt scheinenden Gestaltung *(design)* der Tiere und Pflanzen einen Beweis für die Existenz Gottes sieht und in dem Zusammenhang das bis heute berühmte Uhrmacherargument *(the argument from design)* in die Welt setzt: Wer in der Natur eine Uhr findet, nimmt auf keinen Fall an, dass sich deren komplexe Mechanik ohne Hilfe ergeben und alles rein zufällig zusammengefunden hat. Er vermutet vielmehr, dass ein Uhrmacher sie ersonnen und gebaut habe. Und was für die Uhr gilt, gilt erst recht für die Menschen, die der große Menschenmacher in die Welt gesetzt hat, und zwar so perfekt, wie sie sind.

Aus historischer Sicht darf angemerkt werden, dass der Uhrmacher vor dem Hintergrund eines Denkens auftaucht, das das ganze Universum als Uhrwerk betrachtet. So zeigen es doch – nach damaliger Überzeugung – die Gesetze, die Isaac Newton um 1700 aufgestellt hat, und Newton kennt man als besonders frommen Menschen. Die Welt funktionierte wie eine Uhr, die Gott nicht nur konstruiert hatte, sondern auch immer wieder aufziehen würde, und das war gut so.

Darwin gefällt auf jeden Fall die klare Sprache, über die Paley verfügt. Er ist ihr vor allem deshalb zugetan, weil sie in der Lage ist, die Faszination zu beschreiben, die Darwin stets überkommt, wenn er die Natur genau beobachtet und das Wunderbare bemerkt, das sie hervorbringt. Oberflächlich sieht es so aus, als ob sich der junge Theologiestudent tatsächlich darauf vorbereitet, Priester zu werden. Anfang 1831 besteht Darwin sogar das Bachelorexamen, und die Familie denkt, dass Charles sich im Herbst als Kandidat für das Priesteramt melden wird. Er will – und darf – zuvor nur noch einige geologische Exkursionen machen, die er dann auch im Sommer 1831 mit Adam Sedgwick unternimmt, der als Professor für Geologie in Cambridge tätig ist. Als Darwin schließlich in sein Heimatdorf zurückkehrt, findet er zu Hause den Brief des Mineralogen John Stevens Henslow vor, der ebenfalls zu seinen Lehrern in Cambridge gehörte. Der verehrte Mann schlägt Darwin vor, als Naturforscher an einer Weltreise teilzunehmen, zu der bereits im Dezember aufgebrochen werden soll. Und Darwin geht voller Begeisterung mit an Bord.

Auf Weltreise

Was wäre aus Darwin geworden, wenn es diese Weltreise nicht gegeben hätte? Das Unternehmen wurde von der britischen Admiralität geplant und angeordnet, die sich für den Verlauf der Küste Südamerikas interessierte und mit den dazugehörigen kartografischen Erfassungen um 1825 begonnen hatte. Natürlich ging es vor allem um den riesigen Kontinent als Markt und Rohstofflieferant, aber der Kapitän des ausgerüsteten Schiffes, der HMS *Beagle*, wollte die Expedition auch als Gelegenheit zur Sammlung wissenschaftlicher Daten nutzen, und so kam Darwin als Naturforscher mit an Bord.

Am 27. Dezember 1831 sticht also die *Beagle* von Plymouth aus in See, und am 2. Oktober 1836 kehrt sie nach England zurück. Ihre Route führt über die Kapverdischen Inseln nach Brasilien, Uruguay und Argentinien bis zu den Falklandinseln, sie umrundet Kap Hoorn und steuert danach Chile, Peru und die Galapagosinseln an, bevor es erst über den Pazifischen Ozean nach Neuseeland und Australien, dann erneut nach Südamerika und von dort aus endlich nach England zurückgeht.

Der zugleich tiefgläubige und wissenschaftlich neugierige Kapitän, Robert FitzRoy (oder Fitz Roy), händigt Darwin zu Beginn der Reise den ersten Band des geologischen Lehrbuchs *The Principle of Geology* (deutsch 1841: *Grundsätze der Geologie*) aus, von Charles Lyell verfasst, der später ein enger Freund Darwins werden wird. Darwin lässt sich die folgenden beiden Bände bis nach Südamerika nachschicken, in denen Lyell die gegenwärtige Gestalt der Erde unter der Annahme erklärt, dass in der Vergangenheit dieselben Kräfte zu den geologischen Wandlungen geführt haben, die auch heute noch zu beobachten sind. Lyell legt zudem Beweise dafür vor, dass die Erde eine sehr lange Geschichte erlebt hat. Die Spuren ihrer Vergangenheit würden sich in verschiedenen Schichten *(Strata)* zu erkennen geben, die ihrerseits mit charakteristischen Fossilien durchsetzt seien. Damit kann sich Darwin eine konkrete Aufgabe vornehmen, nämlich Fossilien an Orten auszugraben, an denen Lyell oder andere Geologen noch nicht waren, zum Beispiel in Patagonien. Und die dabei zum Vorschein gebrachten versteinerten Formen früheren Lebens erweisen sich tatsächlich als ein wunderbarer Fund.

Doch bevor wir uns auf diese und andere wissenschaftliche Ergebnisse einlassen, sollen noch zwei allgemeine Hinweise auf die Reise gegeben werden. Da ist zum einen das Element des erlebnisreichen Abenteuers: Darwin lauscht ergeben Vögeln in Regenwäldern, er bewundert den Sternenhimmel beim Überqueren der Anden, er empört sich angesichts grausamer Behandlung von Sklaven, er hilft bei der Niederschlagung einer Soldatenmeuterei in Montevideo und manches mehr. Aber zum andern ist da auch seine Seekrankheit, von der er nie genesen wird und die ihm die ganzen Jahre hindurch immer wieder Übelkeit verursacht.

Darwin lässt sich aber weder seine grundsätzlich gute Laune noch seine Emsigkeit nehmen, und so legt er die Sammlungen an, die von ihm erwartet werden – unter anderem von Vögeln, Wirbeltieren, Schnecken und Insekten –, und buddelt nach Fossilien. Besonders ergiebig sind die Grabungen in Argentinien, vierhundert Meilen südlich der Hauptstadt Buenos Aires. Dabei stößt Darwin auf Knochen von riesigen Landsäugetieren, die offenbar ausgestorben sind – wobei er sich wundert, dass die aktuellen Säugetiere der Pampa anatomisch nicht sehr viel anders gebaut sind.

Doch so spannend diese Befunde auch sein mögen, der eigentliche Ertrag der Reise – der Grund, warum sie in der Geschichte der Wissenschaft und der Menschheit im Allgemeinen verzeichnet wird – verdankt sich einem fünfwöchigen Stopp, den die *Beagle* im September und Oktober 1835 auf dem Galapagosarchipel einlegt. Das Schiff hat zur Überquerung des Pazifiks angesetzt und ist nach einer Woche auf die isolierte Inselgruppe gestoßen, um Wasser nachzufüllen.

Es ist nicht anzunehmen, dass Darwin gleich ein Gefühl für die historischen Dimensionen entwickelt habe, die sein Aufenthalt hier aufschließen sollte. Es scheint eher so zu sein, dass Darwin vor Ort nur wenig beeindruckt war und zum Beispiel ohne den Hinweis des amtierenden britischen Vizegouverneurs gar nicht bemerkt hätte, dass auf jeder der vielen Inseln eine besondere Art von Riesenschildkröte heimisch sei. Wenn er – viele Jahre später – in seinem Bericht *Die Fahrt der »Beagle«* auf die Galapagosinseln zu sprechen kommt, versucht er offenbar, diese leichte Blamage zu überspielen, indem er schreibt: »Die Naturgeschichte dieser Inseln ist äußerst merkwürdig und verdient sehr wohl unsere Aufmerksamkeit«, »der Archipel ist eine kleine Welt für sich«, auf der die Chance besteht, sich durch ein genaues Studium »ihrer ursprünglichen Lebewesen und deren begrenzter Ausbreitung jenem großen Faktum« zu nähern, »jenem Rätsel aller Rätsel«, nämlich »dem ersten Erscheinen neuer Lebewesen auf dieser Erde«.

Das »erste Erscheinen neuer Lebewesen auf dieser Erde«, das Geheimnis aller Geheimnisse – das meint »die Entstehung neuer Arten«, wie sie Darwin zwar 1859 formulieren kann, wie er sie aber mit Sicherheit weder bei seinem Besuch auf den Galapagosinseln noch beim ersten Verfassen des Reisejournals durchschaut hat. Der junge Naturforscher scheint eher anderes im Sinn und seinen Spaß auf den Inseln gehabt zu haben – er ist auf Schildkröten geritten und hat Leguane gefangen –, aber die sonst übliche wissenschaftliche Sorgfalt lässt er fast sträflich vermissen. So packt er zum Beispiel alle Vögel, die er nach England schicken will, in einen Sack, ohne ihren Herkunftsort zu notieren. Darwin registriert zwar, wie Janet Browne vermerkt, »dass die Finken offenbar auf jeder Insel anders aussahen [...], aber er kam zu diesem Zeitpunkt gar nicht auf die Idee, dass der Standort der einzelnen Individuen von Bedeutung sein könne«. Erst viele Monate später – zurück in der britischen Heimat – fällt ihm der geografische Faktor auf, und er grübelt darüber nach: »Wenn ich mir die in Sichtweite voneinander entfernt liegenden Inseln mit ihrer nur spärlichen Fauna vorstelle, welche sich diese nur geringfügig unterscheidenden [...] Vögel bewohnen, muss ich vermuten, dass es sich um Varietäten handelt. [...] Wenn diese Bemerkungen auch nur im geringsten Grade begründet sind, dann ist die Zoologie von Inselgruppen durchaus der genaueren Untersuchung wert; denn derartige Fakten untergraben die [Lehre von der] Unveränderlichkeit der Arten.«

Die Zoologie der Inselgruppen ist inzwischen umfassend untersucht worden – nachzulesen zum Beispiel bei Jonathan Weiner in *Der Schnabel der Finken* –, und man kann sich dabei mittlerweile tatsächlich an Darwin selbst halten, der in der 1845 erschienenen zweiten Auflage seiner *Fahrt der »Beagle«* die »vollkommene Abstufung der Schnabelgröße bei den verschiedenen Arten des *Geospiza*«, wie Finken wissenschaftlich heißen, bestaunt und ihr sogar eine Abbildung widmet.

Abb. 2 Vier Finken, die Darwin in seiner Reisebeschreibung zeigt. Er notiert dazu: »Das Merkwürdigste ist die vollkommene Abstufung der Schnabelgrößen: von einem der groß ist wie der eines Kernbeißers bis zu dem des Buchfinken und selbst dem der Grasmücke.«

Er kommt dabei zu dem Schluss: »Wenn man diese Abstufung und strukturelle Vielfalt bei einer kleinen, eng verwandten Vogelgruppe sieht, möchte man wirklich glauben, dass von einer ursprünglich geringen Zahl an Vögeln auf diesem Archipel eine Art ausgewählt und für verschiedene Zwecke modifiziert wurde.«

Das klingt zwar alles schon sehr nach dem evolutionären Gedanken, aber er hat sich noch nicht in voller Stärke ausgebildet und bemerkbar gemacht. Als Darwin im Oktober 1836 in Falmouth wieder britischen Boden betritt, ist er zwar nicht mehr der arglose Student, der die Reise angetreten hat. Ein »Evolutionist« ist er aber auch noch nicht, wie eine weitere Stelle aus seinem Reisejournal erkennen lässt: »Beim Blick auf die hier genannten Fakten ist man erstaunt über die Menge an

Schöpfungskraft, wenn ein solcher Begriff Anwendung finden darf, die sich auf diesen kleinen, kargen, und felsigen Inseln offenbart.« Als Darwin dieser »Schöpfungskraft« einen anderen Namen gibt, beginnt das Zeitalter des evolutionären Denkens, um das wir uns bis heute bemühen.

Das Auftauchen des großen Gedankens

Anfang 1837 muss es passiert sein – auch wenn man nicht sagen kann, was sich aufgrund welcher Umstände genau ereignet hat. Anfang 1837 gibt Darwin den Glauben auf, dass die Arten auf dieser Welt ihre Entstehung einem gütigen Gott zu verdanken haben, der sie perfekt passend in den jeweiligen Lebensraum einfügt, den er natürlich zuvor für sie geschaffen hat. Daraus ergibt sich die Aufgabe, die göttliche durch eine natürliche »Schöpfungskraft« zu ersetzen. Diesem Problem weicht Darwin nicht aus, er wendet sich ihm vielmehr zu.

Bei einer Antwort auf die Frage, zu welchen neuen Überzeugungen Darwin in den Monaten nach der Weltumseglung gelangt sein könnte, darf auf keinen Fall unberücksichtigt bleiben, dass viele unterwegs gemachten Beobachtungen ihm überdeutlich gezeigt haben, dass die Natur keineswegs voller glänzend zurechtkommender Lebewesen steckt und alles harmonisch in ihr abläuft. Darwin ist – im Gegenteil – allzu oft erschrocken über »das plumpe, verschwenderische, stümperhafte, niedrige und entsetzlich grausame Wirken der Natur«, das ihn eher vermuten lässt, das Werk eines Teufels vor sich zu haben, der sich offenbar am Leiden der Kreatur weidet. Wie man das Hauen und Stechen in der Natur einem Gott zuschreiben beziehungsweise zumuten kann, bleibt Darwin unerklärlich, denn da ist so vieles bestenfalls ungenau – und vielleicht überhaupt nicht geplant und oftmals stümperhaft – ausgeführt. Darüber hinaus gibt es so viele Varietäten (Variationen, Veränderungen, Transmutationen), die kaum alle einzeln geschaffen sein können – es sei denn von einem vergesslichen Schludrian –, die aber möglicherweise nach und nach aus sich heraus mit einer gewissen Notwendigkeit entstanden sind. Diese wabernde und wechselnde organische Mannigfaltigkeit lebt außerdem auf einer Erdkruste, die sich Charles Lyell zufolge in permanenter Bewegung und Umgestaltung befindet. Die Geologen des 19. Jahrhunderts haben zwangsläufig radikal mit dem Schöpfungsbericht der Genesis brechen müssen, und Lyell hat sogar der Bibel ausdrücklich die Fähigkeit (und damit die Zuständigkeit) abgesprochen, irgendeine sinnvolle Aussage zu seiner Wissenschaft machen zu können. (Das hatte vor ihm schon Johannes Kepler im 17. Jahrhundert getan, der seine Astronomie zwar als – wörtlich verstanden – Gottesdienst betrieb, zugleich aber eindringlich vor dem Irrtum warnte, in der Heiligen Schrift ein Lehrbuch der Physik zu sehen.)

Auf jeden Fall umkreisen Darwins Gedanken immer stärker das Problem, das wir heute als Artenwandel bezeichnen und das bei ihm zunächst noch Transmutation heißt – ein Begriff, der aus der Alchemie stammt und ursprünglich die Idee einer Umwandlung von innen nach außen beinhaltet. In einer Transmutation entsteht nichts Neues, nicht etwas, das vorher noch nicht da war; dafür kommt in dieser Umformung sichtbar frei, was bis dahin den Blicken verborgen geblieben ist – ihnen nicht zugedacht war.

Man könnte sagen, dass Darwin durch die Weltreise eine Transmutation seines Denkens erlebt hat. Ununterbrochen sprudeln nach der Heimkehr Ideen aus ihm heraus, die von Historikern und anderen Betrachtern des Weltgeschehens als Einfälle bezeichnet werden, die ihn überfluten. Ein solches Wort wirkt aber merkwürdig einfallslos und unangebracht, denn es weist in die falsche Richtung. Schließlich fließen Darwins Einfälle von innen heraus, sie sind in Wahrheit Ausströmungen (oder Ausfälle). Es sind tatsächlich persönliche Transmutationen, und sie hält Darwin in seinen *Notizbüchern zur Transmutation* fest, womit bei ihm die der Natur gemeint sind.

Als der achtundzwanzigjährige Darwin im März 1837 mit dem Notizbuch B beginnt, hält er zunächst seine Überzeugung fest, dass mit und in dem Leben »irgendeine Form von Evolution« stattfindet, »und zwar nicht nur mit der Vogelwelt der Galapagosinseln, sondern mit allen Organismen, den Menschen nicht ausgenommen«. Darwin fragt sich geradeheraus schon damals, ob der Mensch ein »Abkömmling von Affen« sein könne, und er verschafft einem offenbar angestauten Ärger Luft, als er zu folgendem Urteil ausholt: »Der Mensch in seiner Arroganz hält sich für eine famose Schöpfung, für die eine Gottheit die Hände rühren musste. Bescheidenheit und, wie ich finde, der Wahrheit näher, [ist es], ihn als Ableger der Tierwelt zu betrachten.«

Diese Beschäftigung mit dem Menschen ist nicht nur grundsätzlich, sondern höchst konkret von Interesse, denn die humane Sphäre ist nicht nur der Gipfel, den Darwin zuletzt besteigen will, sie ist auch die Quelle, aus der er zuerst seine Einsicht über die Kausalität des Geschehens bezieht. Der Gedanke der Evolution beginnt mit Menschen und führt am Ende wieder zu ihnen hin – wohin denn auch sonst?

Der Auslöser, der Darwin – wie Janet Browne schreibt – »eine Theorie [liefert], mit der [er] arbeiten konnte«, steckt in der Lektüre eines Buches, in dem der Pfarrer und Volkswirtschaftler Thomas Robert Malthus sich zu der Entwicklung der Bevölkerung äußert. Der bereits 1798 verfasste *Essay on the Principles of Population* (deutsch 6. Aufl. 1826, *Eine Abhandlung über das Bevölkerungsgesetz*) vergleicht die Zunahme der Zahl an Menschen mit dem Wachstum in der Produktion von Nahrungsmitteln und kommt zu dem Schluss, dass die Bevölkerung sich viel zu schnell vermehrt, um ausreichend versorgt werden zu können. Die viktorianische Gesellschaft hat zwar auf diese Warnung reagiert und eine Armenfürsorge installiert, aber Malthus hält das für den falschen Weg, da er die unteren Schichten nur ermutige, noch mehr Kinder in die Welt zu setzen, wodurch das Problem verschärft werde.

Malthus' Buch, das sich großer Popularität erfreute, muss wohl im September 1838 Darwin in die Hände gefallen sein. Das Lektüreerlebnis fasst der immer noch junge Darwin am 28. September in seinem Notizbuch D zusammen. In seinem Verständnis zeigt Malthus, dass in der Natur ein Krieg im Gang ist, ein Kampf ums Dasein, und »in diesem Überlebenskampf gehen die [...] schwachen Organismen in der Regel am ehesten zugrunde, und zurück bleiben die wohlgeratenen, die gesündesten oder bestangepassten Formen«.

Darwin überlegt nun weiter, dass es nur die Überlebenden sind, die Nachwuchs hervorbringen, und wenn sich erst bei diesen Organismen das Geschehen – das Auswählen – wiederholt und danach erneut bei deren Nachkommen, und wenn das immer so weitergeht von einer Generation zur nächsten und übernächsten, dann können im Lauf der Zeit Organismen entstehen, die besser an ihre Existenzbedingungen angepasst sind, als es ihre Vorgänger waren. Darwin fällt auch sofort ein Ausdruck für dieses Wirken ein – nämlich *natural selection* oder natürliche Auswahl, deren Vorbild die Auslese ist, die ein Züchter vornimmt, wenn er etwa schnellere Hunde oder fettere Schweine aufziehen möchte. Mit diesem Konzept hat Darwin endlich die Möglichkeit, die Anpassungen des Lebens an seine Umwelt ohne Rückgriff auf Gott verständlich zu machen, und er fasst seine Leseoffenbarung wie folgt zusammen: »Da ich hinreichend darauf vorbereitet war, den überall stattfindenden Kampf um die Existenz zu würdigen, [...] kam mir sofort der Gedanke, dass unter solchen Umständen günstige Abänderungen dazu neigen, erhalten zu werden, und ungünstige, zerstört zu werden. Das Resultat würde die Bildung neuer Arten sein. Hier hatte ich endlich eine Theorie, mit der ich arbeiten konnte.«

Der Gedanke des evolutionären Werdens ist spätestens jetzt in der Welt; er wird dort bleiben und sich weiterentwickeln und weiterentwickeln und weiterentwickeln.

Über die Entstehung der Arten

Als Darwin Ende 1838 die erste Einsicht in den Prozess gelingt, dem die vielfältigen Lebensformen ihre Existenz verdanken, vertraut er diesen Durchbruch nur seinen Notizbüchern an. Es dauert ein paar Jahre, bis er einige Freunde unter seinen Wissenschaftskollegen mit der evolutionären Idee bekanntmacht, und um 1842 bringt Darwin zum ersten Mal in einer 240 Seiten langen Abhandlung zu Papier, was man heute eine Theorie der Evolution nennen würde. In ihr findet sich allerdings noch kein Wort über den Menschen. Dazu braucht Darwin noch Zeit.

Da bekanntlich rund zwei Jahrzehnte vergehen, bevor der fünfzigjährige Darwin ausführlich darstellt, was der Dreißigjährige sich ausgedacht und verstanden hat, müssen Gründe für diesen Verzug vorliegen. Mindestens drei drängen sich dabei unmittelbar auf. Doch bevor wir sie erörtern, soll in einer knappen Zusammenfassung dargestellt werden, wie bescheiden und angemessen das ist, was Darwin wirklich erkannt hat. Wir orientieren uns dabei an einem Vorschlag, der auf einen der großen Biologen des 20. Jahrhunderts zurückgeht, nämlich auf den aus dem Allgäu stammenden Ernst Mayr.

Mayr zufolge beginnt Darwins Argument mit drei Beobachtungen, bei deren Beschreibung ein Wort aus dem Titel von Malthus benutzt wird, nämlich Population. Organismen gehören zwar zu einer Art (Spezies), aber sie leben in Gruppen, die man Populationen nennen kann, und es sind diese Einheiten, die sich ausbreiten oder daran gehindert werden. Mit diesem

Begriff kann man zum Ausdruck bringen, dass die Mitglieder einer Population zwar dazu neigen, sich sehr schnell zu vermehren (die Natur ist außerordentlich fruchtbar), dass die Gruppen selbst aber eine relativ konstante Größe beibehalten, weil Ressourcen nicht unbeschränkt verfügbar sind. Daraus lässt sich der Schluss ziehen, den schon Malthus kannte, dass es nämlich zu einem Kampf ums Dasein unter den Mitgliedern einer Population kommt.

Damit stellt sich die Frage, wer diesen Wettbewerb übersteht. Sie wird mit zwei weiteren Beobachtungen beantwortet: Zum einen finden sich viele Varianten unter den Individuen einer Population, und zum andern sind einige dieser Mutationen erblich. Darwin gewann daraus die Einsicht, dass der Erfolg im Überlebenskampf von den individuell anders gearteten Merkmalen abhängt und sich im Lauf von Generationen die Häufigkeit solcher Variationen so verschieben kann, dass eine alte Art anschließend besser angepasst oder gar völlig transformiert worden ist und sich in eine neue Spezies verwandelt hat.

Das oft zitierte Schlüsselwort in dieser auf den ersten Blick wahrlich nicht weltbewegend erscheinenden Konzeption heißt »Kampf ums Dasein«, das nach Brutalität klingt und das Recht des Stärkeren auszurufen scheint – die Verfügung etwa eines Fabrikbesitzers über einen Proletarier in den Jahren der frühen Industriellen Revolution, in denen Darwin schreibt, oder das Triumphgeheul von uniformierten Herrenmenschen beim Anblick von als minderwertig betrachteten Artgenossen, wie es später die Nationalsozialisten anstimmten.

Es ist nicht zuletzt die Angst vor solchen ebenso absichtlich wie ahnungslos herbeigeführten Missverständnissen, die Darwin zögern lässt, seine Einsichten einem breiten Publikum vorzulegen. In dem fertigen Werk von 1859 versucht er alles, um den Ausdruck abzuschwächen und klarzumachen, ihn nur »in einem weiten metaphorischen Sinn« zu gebrauchen. Er weist zum Beispiel darauf hin, dass eine Pflanze »am Rande der Wüste mit der Dürre ums Dasein kämpfe«, ohne dass dabei jemand umgebracht wird, aber wir wissen heute, dass es nichts genützt hat. Viele Menschen wollen anscheinend den »Kampf ums Dasein« falsch verstehen, um ihre Machtgelüste auszuleben, und merken nicht, dass der dazugehörige englische Ausdruck, der von einem *struggle for existence* berichtet, viel harmloser gemeint ist und ganz freundlich ausdrückt, was für uns allmorgendlich beginnt, wenn wir uns daranmachen, nach einem Frühstück Ausschau zu halten.

Neben der berechtigten Angst vor einer falschen Freude treibt Darwin auch die Sorge um, er könne mit seiner Absage an ein göttliches Schöpfungswerk seiner Frau Leid zufügen. Seit Anfang ihrer Ehe bedrückt es sie, dass ihr Mann an den Lehren der Religion zweifelt, was sicher – so ihre feste Überzeugung – verhindern würde, dass sie sich später im Jenseits erneut treffen und dann für immer zusammenbleiben könnten.

Wenn man diesen Informationen als weitere hinzufügt, dass Darwins chronisch werdende Krankheit gerade in den Tagen anfängt, sich deutlich bemerkbar zu machen, in denen er heiratet und den Grundgedanken seiner Theorie entwirft, dann kann man voraussagen, dass sich bald haufenweise Psychoanalytiker seiner Kopfschmerzen und Magenbeschwerden annehmen werden, um ihrem besserwisserischen Gebräu Gehör zu verschaffen. In dem vorliegenden Buch bekommen sie es nicht. Wir beschränken uns auf Brownes Befund, dass »schlechtes Befinden bis zu Darwins Lebensende ein wesentlicher Bestandteil seines Persönlichkeitsbildes, seiner Arbeit und seiner Lebensform« bleibt.

Seine Arbeit ist seine Lebensform – und vielleicht ist der dritte Grund, den wir für die Verzögerung der Publikation von Darwins Hauptwerk angeben, der wichtigste: die Einsicht nämlich, dass der Gedanke der Evolution mehr ein Anfang als ein Ende ist und mit ihm die eigentliche Arbeit erst beginnt. Als er das Wirken der natürlichen Selektion erkennt, steht die große Aufgabe noch vor ihm, nämlich das Zusammentragen von möglichst vielen empirischen Tatbeständen, um das vorgeschlagene Schema des evolutionären Werdens zu prüfen, und zwar in allen möglichen Details. Wo wir heute vorzugsweise vielleicht nur Lösungen sehen, erspäht Darwin zunächst vor allem Lücken, und er will so viel Zeit wie möglich zur Verfügung haben, um sie zu schließen, um Irrtümer so weit wie möglich zu vermeiden und mit allen erdenklichen Einwänden vertraut zu sein, um ihnen begegnen und sie vielleicht entkräften zu können.

1844 lernt er mit ungeheurer Wucht die Argumente der Gegner seines Gedankens kennen, denn in diesem Jahr erscheint – zunächst anonym – ein Buch, das verspricht, die *Natürliche Geschichte der Schöpfung des Weltalls, der Erde und der auf ihr befindlichen Organismen* zu erzählen. So lautet der etwas bombastische Titel in deutscher Übersetzung, der im englischen Original knapper *Vestiges of the Natural History of Creation* heißt und also von den Spuren spricht, die ein natürlich ablaufender Entstehungsprozess hinterlassen hat. Das Buch ist zwar letztlich eine nicht besonders seriös arrangierte Feier des Fortschritts, den die Menschen – vor allem in der englischen Gesellschaft – erreicht haben. Es enthält aber auch den Gedanken, dass es eine natürliche Entwicklung der organischen Welt von einfachen Anfängen bis zu den komplexen Formen der Gegenwart gibt, und argumentiert oberflächlich so evolutionär, wie Darwin denkt.

Wie leicht zu vermuten, ist er schockiert, seinen Grundgedanken von einem anderen formuliert zu finden, und ihm müssen die Besprechungen Sorge bereiten, in denen Kritiker Hohn über genau diese Idee ausschütten. Nun versteigen sich bekanntlich manchmal auch Rezensenten, und einer von ihnen – Darwins alter Geologielehrer Sedgwick – meint, ein solch streitsüchtiges Buch könne nur eine Frau geschrieben haben. Hat sie aber nicht. Als Autor gibt sich bald ein schottischer Journalist namens Robert Chambers zu erkennen, und ihm ist es zu verdanken, dass Darwin Wert darauf legt, die Publikation seines Werkes nicht zu übereilen und den Text auf jeden Fall äußerst vorsichtig mit der größtmöglichen empirischen Evidenz zu formulieren. Er macht sich an die Arbeit, und als er 1856 »gleich einem Krösus […] vom eigenen Reichtum an Fakten« erdrückt wird, entstehen die ersten Entwürfe des Artenbuchs. Nun endlich fühlt er sich offenbar in der Lage, den Text »so vollkommen zu gestalten, wie ich es nur vermag«.

Auf dem Weg zu dieser Einstellung war ihm 1851 noch eine Ergänzung zu seiner Grundidee eingefallen, die er selbst als »Divergenzprinzip« bezeichnet hat und auf die er kam, als er mit einem Wagen irgendwo zwischen London und Down unterwegs war. Im Mai 1851 hatte in der Hauptstadt eine Weltausstellung ihre Tore geöffnet, und Darwin war mit drei Kindern hingefahren. Dabei muss ihm eingefallen sein, dass sich im Verlauf der Evolution Pflanzen- und Tierarten besonders gut durchsetzen und behaupten können, wenn ihre Variationen möglichst breit gestreut sind – »als ob die Natur ein Industriebetrieb wäre, in dem ja die Arbeiter bekanntermaßen desto effizienter produzieren, je weiter fortgeschritten die Arbeitsteilung ist – je vielgestaltiger also die Tätigkeiten der Einzelnen sind«. Darwin hat diese fortschreitende Spezialisierung mit eigenen Augen in den Manufakturen gesehen, die seine

Schwiegereltern betreiben, und er fügt sie nun in sein dynamisches Naturbild ein.

Das heißt, auch nach 1856 kommt er mit dem Schreiben immer noch sehr langsam voran. Das nur allmählich Umfang annehmende Manuskript trägt den Arbeitstitel *Die natürliche Selektion*, und es bedarf eines weiteren, besonderen Anlasses, um endgültig ein zügiges Tempo in die Geschichte zu bringen. Im Juni 1858 erhält Darwin Post aus der Gegend um Neuguinea. In dem Umschlag steckt ein kurzer Aufsatz, den der weit gereiste britische Naturforscher Alfred Wallace geschrieben hat und in dem – zu Darwins Bestürzung – alles steht, was er selbst herausgefunden hat und beschreiben will. »Hätte Wallace das Manuskript meines Entwurfs von 1842 in der Hand gehabt«, so Darwin am 18. Juni 1858 an Lyell, »er hätte keine treffendere Kurzfassung davon machen können.«

Darwin muss um seine Priorität und damit um seine Reputation fürchten, und er bittet Lyell und den Botaniker Joseph Hooker um Rat und Tat. Sie ersinnen den Plan, die Arbeit von Wallace und eine noch rasch anzufertigende Kurzfassung von Darwins Vorstellung der Selektion gemeinsam – als Doppelpräsentation – auf einer Sitzung der Linné-Gesellschaft in London zu verlesen, was mit Müh und Not in letzter Minute gelingt. Am 1. Juli 1858 erfahren dann die eher gelangweilten Mitglieder besagter Gesellschaft, was Darwin und Wallace über die Entstehung der Arten meinen, ohne dass die beiden Forscher selbst anwesend sind. Wallace ist weit weg (und wegen der langen Postwege auch noch gar nicht informiert), und Darwin beweint den Tod seines jüngsten Kindes, das zwei Tage vor der Sitzung an Scharlach gestorben ist.

Doch die Trauer hält ihn nicht davon ab, jetzt mit Hochdruck das Riesenwerk zum Abschluss zu bringen, in dem er die Idee der Evolution als ein »einziges, langes Argument« entwickelt und uns einen Blick in das »Geheimnis aller Geheimnisse« ermöglicht. Darwin führt zunächst die wichtige und lange Zeit unbeachtete Idee der Veränderlichkeit (Variabilität) von Organismen ein, unter denen es zu einer Konkurrenz mit tödlichem Ausgang kommen kann, durch die dann der eigentliche Mechanismus zu wirken beginnt, die natürliche Selektion. Und von ihr stellt er fest:

> *Man kann im bildlichen Sinne sagen, die natürliche Zuchtwahl sei täglich und stündlich dabei, allüberall in der Welt die geringsten Veränderungen aufzuspüren und sie zu verwerfen, sobald sie schlecht sind, zu erhalten und zu vermehren, sobald sie gut sind; still und unsichtbar wirkt sie, wann und wo immer sich eine Gelegenheit bietet, an der Verbesserung der organischen Welt und ihrer anorganischen Lebensbedingungen. Wir sehen nichts von dieser langsam fortschreitenden Veränderung, bis der Finger der Zeit selbst anzeigt, dass ein Zeitalter abgelaufen ist, und selbst dann noch ist unsere Einsicht in die vergangene geologische Epoche so schwach, dass wir höchstens bemerken, wie verschieden die bestehenden Lebensformen von denen der Vergangenheit sind.*

Darwin bedient sich dann noch des Divergenzprinzips, um sich und uns die Geschichte des Lebens in Gestalt eines Baumes vorstellen zu können – »der große Baum des Lebens, der mit seinen toten und abgebrochenen Ästen die Erdrinde füllt und mit seinen herrlichen und sich noch immer weiter teilenden Verzweigungen ihre Oberfläche bekleidet«.

Das klingt ein wenig biblisch, da in der Schöpfungsgeschichte neben dem Baum der Erkenntnis auch der des Lebens vorkommt. Es gibt ihn wirklich, meint Darwin, nur ist er jetzt nicht mehr von einem Gott geschaffen worden, sondern von selbst gewachsen.

Am 24. November 1859 erscheint das Buch bei John Murray und damit in demselben Verlag, in dem auch Lyells Geologie-Bände publiziert worden sind. Sein vollständiger Titel lautet: *On the Origin of Species by Means of Natural Selection, or the Preservation of Favoured Races in the Struggle for Life – Über die Entstehung der Arten durch natürliche Selektion oder die Erhaltung von begünstigten Rassen im Lebenskampf.* Das Werk hat einen Umfang von 502 Seiten und kostet mit 14 Shilling mehr als der Wochenlohn eines Arbeiters. Darwin ist zwar stolz auf sein Werk, aber zugleich auch erschöpft von der Arbeit. Er ist sicher, eine Lawine losgetreten zu haben, und sie beginnt tatsächlich bald schon zu rollen.

Ein Freund oder Konkurrent?

Es empfiehlt sich, etwas ausführlicher auf den oben erwähnten Zoologen Alfred Wallace einzugehen, der wie Darwin das Wirken der natürlichen Selektion durchschaut hat. Wallace ist 1823 geboren – und damit mehr als ein Dutzend Jahre jünger als Darwin – und hat Königin Victoria um ein Dutzend Jahre überlebt.

Die Beschäftigung mit ihm lohnt sich aus mehreren Gründen, die für Anhänger von Darwin nicht alle als erfreulich bezeichnet werden können. Beginnen wir mit den unangenehmen Aspekten. Sie sind genau zu datieren. Historischen Recherchen zufolge hat Wallace den Brief mit seinem Manuskript, das Darwin in Schrecken versetzt hat und den Titel *Über die Tendenz der Varietäten, unbegrenzt vom Originaltypus abzuweichen* trägt, im März 1858 abgeschickt. Der Logistik zufolge hätte der Brief im Mai seinen Empfänger erreichen können oder sogar müssen. Darwin meldet das Eintreffen aber erst einen Monat später, wobei zudem auffällt, dass er zwar fast alle Post, die er bekommt, mit den Umschlägen aufhebt, dass aber ausgerechnet das Schreiben von Wallace fehlt, sodass das Datum seines Eintreffens nicht durch den Poststempel überprüft werden kann. Aus diesem Grund ist der Verdacht geäußert worden, Darwin habe das Manuskript von Wallace nicht sofort weitergeleitet, sondern erst in Ruhe studiert und vielleicht sogar einiges von ihm übernommen.

Wir lassen die Frage außer Betracht, wer für das Fehlen (Verschwinden) des Umschlags mit der Post von Wallace in

Darwins Unterlagen verantwortlich ist, weisen aber auf die Tatsache hin, dass der 1858 eintreffende Brief von Wallace nicht das erste Mal war, dass Darwin etwas von diesem Naturforscher lesen konnte. Bereits 1857 hat Wallace ihm von den indonesischen Aruinseln aus geschrieben, wobei dies nur bekannt ist, weil wir Darwins Antwort kennen. Erneut ist das, was Wallace geschrieben hat, in den Akten nicht mehr vorhanden und offenbar aus ihnen verschwunden. Da Wallace zuvor bereits in Fachzeitschriften publiziert hat, die Darwin kennt, stellt sich, wie David Quammen schreibt, inzwischen die spannende Frage, wer tatsächlich »Anspruch auf eine der größten wissenschaftlichen Leistungen der Geschichte erheben kann – nämlich auf die erste Formulierung der Theorie, die Darwin als Theorie der natürlichen Selektion bezeichnet und die nicht nur erklärt, dass Arten entstehen, sondern auch den eigentümlichen Prozess darlegt, durch den sie entstehen, einen Prozess, bei dem natürliche Variationen durch unterschiedliche Überlebenschancen und unterschiedlichen Fortpflanzungserfolg ausgelesen und verstärkt werden«.

Zudem muss man sich Quammen zufolge fragen, »ob Darwin sich [in Hinblick auf Wallace] schändlich oder einfach nur wenig beeindruckend verhielt«. Klar ist, dass Darwin sich fürchtet, an Ansehen zu verlieren: »So ist denn all meine Originalität, was immer sie wert war, zunichte«, wie er in dem Begleitbrief an Lyell schreibt, mit dem er dem befreundeten Geologen das Manuskript von Wallace schickt; und klar ist auch, dass Darwin dem Vorschlag, wie seine Priorität zu sichern sei, nicht leichten Herzens folgt. Er ist keineswegs davon überzeugt, »dass ich das mit Anstand tun kann«.

Er lässt es aber geschehen und beeilt sich im Anschluss an die Sitzung der Linné-Gesellschaft vom 1. Juli 1858 – an dem Tag sammelt der eifrige Wallace ahnungslos Schmetterlinge auf Neuguinea –, den Gedanken der natürlichen Selektion endlich in Buchlänge zu präsentieren, wobei er trotz der relativen Eile den ursprünglich geplanten Titel ändert und von der *Entstehung der Arten* spricht – also gerade von dem Vorgang, den das Buch nicht beschreibt.

Wenden wir uns von den Peinlichkeiten ab, die an den Anfängen der Evolutionsbiologie zu finden sind, und blicken auf das Leben des aus niedrigem Stand stammenden Alfred Wallace, der sein Leben lang Loyalität und Ehrerbietung Darwin gegenüber aufbrachte. Er wunderte sich zwar über die Art der Doppelpräsentation, kümmerte sich aber nicht weiter darum, weil er andere Dinge für wichtiger hielt.

An dem Wechselspiel von Darwin und Wallace können aber noch andere, ausgesprochen erhellende Aspekte betont werden, die für einen Wissenschaftshistoriker von besonderem Interesse sind. Zum einen haben beide Entdecker des evolutionären Wandels der Arten weite Reisen unternommen. Wallace hat lange Zeit Südamerika durchstreift und das Amazonasgebiet erkundet, bevor er sich in Richtung des malaysischen Archipels begibt. Er entdeckt die Gründe für unterschiedliche Faunen auf eng benachbarten Inseln – der heute sogenannten Wallace-Linie zwischen Bali und Lombok – und wird so zum Begründer der Tiergeografie.

Was aber vor allem an seiner gedanklichen Entwicklung fasziniert, ist die Tatsache, dass er nicht nur dieselben Welterfahrungen wie Darwin gemacht hat, sondern dass auch das zentrale Leseerlebnis bei beiden Vätern des evolutionären Gedankens übereinstimmt. Als sich Wallace – ähnlich wie Darwin – aufgrund seiner zahlreichen Beobachtungen immer intensiver mit der Frage beschäftigt, wie die Varietäten einen Artenwandel herbeiführen konnten, kommt er »bis Februar 1858 zu keiner befriedigenden Lösung. Damals litt ich in der molukkischen Stadt Ternate an einem ziemlich heftigen Anfall von Wechselfieber, und während ich mit Schüttelfrost im Bett lag, eingehüllt in Decken, obwohl das Außenthermometer 48 Grad anzeigte, stand mir das Problem wieder einmal vor Augen, und irgendetwas bewog mich, an die ›positiven Hemmnisse‹ zu denken, die Malthus in seinem ›Essay on Population‹ beschreibt, einem Werk, das ich einige Jahre zuvor gelesen und das einen bleibenden Eindruck bei mir hinterlassen hat«.

Es ist also derselbe Punkt, aus dem das evolutionäre Denken entspringt, und es überkommt Wallace trotz (oder wegen) des Fiebers blitzartig die Einsicht:

> *Diese Hemmnisse – Krieg, Seuchen, Hunger und dergleichen – mussten, kam mir in den Sinn, bei Tieren ebenso wie beim Menschen ihre Wirkung tun. Dann dachte ich an die ungeheuer rasante Vermehrung von Tieren, die zur Folge haben musste, dass diese Hemmnisse sich bei ihnen viel nachdrücklicher auswirkten als im Falle des Menschen; und während ich vage über diesen Umstand nachsann, kam mir blitzartig die Idee vom Überleben des Tüchtigsten – dass die Exemplare, die diesen Hemmungen zum Opfer fallen, denen, die überleben, aufs Ganze gesehen unterlegen sein müssen. In den zwei Stunden, die mein Fieberanfall dauerte, hatte ich fast die gesamte Theorie ausgedacht; am gleichen Abend noch brachte ich den Entwurf zu Papier, arbeitete ihn an den beiden folgenden Abenden aus und schickte ihn mit der nächsten Post an Mr. Darwin.*

So hat es Wallace in seinen 1891 erschienenen Essays über *Natural Selection and Tropical Biology* erzählt, in dessen Titel er Darwins Ausdruck von der natürlichen Auswahl aufnimmt.

Der erwähnte Brief verlässt die indonesische Insel Ternate mit einem Postdampfer am 9. März 1858, was bedeutet, dass er einige Wochen später bei seinem Adressaten eingetroffen sein muss – irgendwann im Mai also. Wir wissen leider nicht, wann dies der Fall war, wollen es aber dabei bewenden lassen und uns an dieser Stelle, wie Quammen schreibt, nur noch darüber wundern, dass »zwei Männer [...] an entgegengesetzten Enden der Welt zur gleichen Zeit die gleiche große Entdeckung gemacht« haben sollen. »Gemeinsam war ihnen nichts als die Muttersprache, ein Gefühl für die Frage, die es zu beantworten galt, die Gelegenheit zu reisen, die Bereitschaft, Briefe auszutauschen, eine flüchtige Kenntnis der Malthusschen Bevölkerungstheorie und ein Bewusstsein von der Bedeutung inselbiogeographischer Erkenntnisse«.

Vielleicht war ihnen aber noch mehr gemeinsam – eine Obsession, die ihre Gedanken nicht zur Ruhe kommen und den wissenschaftlichen Geist so lange rastlos sein ließ, bis aus dem Unbewussten – aus der Seele, aus dem innen Verborgenen und Gehüteten – eine Antwort kommen konnte. Ein Einfall ist so etwas nicht. Eher ein Überfall, und er trifft einen wie ein Blitz. Er erhält und erhellt das Leben bis heute.

Darwins Werk

Darwin hat uns ein so umfangreiches Werk hinterlassen, dass man seinen Umfang eigentlich in Metern angeben sollte. Da reiht sich Band an Band, Notizbuch an Notizbuch – was es unmöglich macht, auf alles einzugehen. Im Folgenden erwähnen wir darum nur einige der Haupttitel und gehen dann auf ein – merkwürdig wirkendes – Werk näher ein, bevor wir Darwins Ansichten und Publikationen über den Menschen im letzten Abschnitt dieses ersten Teils auflisten.

Also – 1839 erscheint in erster Auflage sein Reisejournal, das mehrfach auf Deutsch erschienen ist, einmal als *Die Reise um die Welt* und ein andermal als *Die Fahrt der »Beagle«*. 1842 äußert sich Darwin *Über den Bau und die Verbreitung von Korallenriffen*, 1844 veröffentlicht er *Geologische Beobachtungen über die Vulkanischen Inseln*, die er während seiner Weltumseglung betreten hat, und 1846 lässt er noch *Geologische Beobachtungen über Südamerika* folgen.

Wir überspringen zwei Monographien über die von ihm ausgegrabenen Fossilien, um auf ein seltsames zweibändiges Werk über Rankenfußkrebse hinzuweisen. *A Monograph on the Sub-Class Cirripedia*, wie das riesige Unternehmen im Original heißt, erscheint zwischen 1851 und 1854, und es gibt ein schönes Bild von Darwin, auf dem man förmlich sieht, welche Strapazen er hinter sich hat.

Danach ist der – holprige – Weg für das Hauptwerk frei, die *Origin of Species by Means of Natural Selection*, von dem aus sich Darwin an *Die Abstammung des Menschen* macht, die er durch einen neuen Selektionsvorgang erklärt, nämlich durch »Selection in Relation to Sex«, wie es im Untertitel des 1871 erscheinenden Buches *The Descent of Man* heißt.

Die Menschen bewegen Darwin im folgenden Jahr noch weiter. 1872 legt er dar, was *Der Ausdruck der Gemütsbewegungen bei den Menschen und den Tieren* zu sagen hat, um sich nun wieder einfacheren Systemen zu widmen. 1875 erläutert er *Die Bewegungen und Lebensweise der kletternden Pflanzen*, und noch im selben Jahr erscheinen zwei Bände über *Das Variieren der Tiere und Pflanzen im Zustande der Domestikation*. Darwin erkundet hierin die Grenzen der Selektion, die ein Züchter – durch Zuchtwahl – vornehmen kann. 1876 stellt er *Die Wirkungen der Kreuz- und Selbstbefruchtung im Pflanzenreich* vor, 1877 zählt er *Die verschiedenen Einrichtungen, durch welche Orchideen von Insekten befruchtet werden* auf, im selben Jahr kann man auch lesen, was er über *Die verschiedenen Blütenformen an Pflanzen der nämlichen Art* meint, und schließlich und endlich erkundet der alte Darwin *Die Bildung der Ackererde durch die Tätigkeit der Würmer mit Beobachtung über deren Lebensweise*.

Wie gesagt – ein Werk, das sich in Regalmetern messen lässt und über das man nur staunen kann, wobei in der Reihung doch die Rankenfüßer auffallen, die er zwischen sich und sein Hauptwerk zur natürlichen Selektion schiebt. Warum? Was ist so spannend an diesen kleinen Krebstieren, die sich mit Haftorganen etwa an Muscheln festsetzen und dort prima parasitär leben können?

Darwin interessiert sich für ihre Fortpflanzung. Rankenfüßer sind bis zu seinen Untersuchungen vor allem als Hermaphroditen bekannt gewesen. Niemand erwartet, was Darwin beim genauen Hinsehen entdeckt, dass es nämlich Exemplare gibt, die nicht nur getrennte Geschlechter aufweisen, sondern bei denen die Männchen und Weibchen so verschieden sind, dass sie überhaupt nicht verwandt erscheinen. »Das Weibchen hat das übliche Aussehen, während das Männchen in keinem Körperteil dem Weibchen gleicht und mikroskopisch klein ist«, wie er John Stevens Henslow gegenüber erst verhalten und vorsichtig andeutet, um ihn dann zu überraschen: »Jetzt kommt das Merkwürdige: Das Männchen oder manchmal auch zwei Männchen werden in dem Augenblick, da sie ihre Existenz als fortbewegungsfähige Larven beenden, zu Parasiten des Weibchens, und so am Fleisch ihrer Gattinnen festklebend und halb darin eingebettet, verbringen sie ihr ganzes Leben und können sich nie wieder bewegen.«

Ein Fortpflanzungsmechanismus ohne Beispiel: »Ein beherrschendes Weibchen, das duldete, dass sich eine Traube anhängiger degenerierter Männchen an die Rockzipfel hängte!« Darwin ist fasziniert, und er findet noch mehr, nämlich ein Weibchen mit einer Tasche in jedem Glied seines Mantels, »in der es sich einen kleinen Ehemann hält«. Er ist begeistert und amüsiert: »Die Einfälle und Wunder der Natur sind wahrhaft grenzenlos«, wie er meint, um bei den Rankenfüßern nach geduldigem Schauen zu finden, was er als (werdender) Evolutionsbiologe benötige, nämlich »eine vollständige Reihe, um die Auseinanderentwicklung der Geschlechter zu illustrieren«, nämlich »von richtigen Zwittern über solche mit atrophierten männlichen Organen und winzigen ›Zusatzmännchen‹ zu Weibchen, die ihre männlichen Organe völlig zurückgebildet und sich ›einfache‹ männliche Begleiter zugelegt hatten«.

Ein Witz der Rankenfüßerarbeit besteht darin, dass Darwin diese winzigen Männchen, von denen einige nur noch als Hoden- beziehungsweise Spermiensäcke existieren – ohne Mund und Magen –, nur deshalb finden kann, weil seine Speziestheorie – »das Evangelium« – ihm sowohl Mut dazu macht als auch die Richtung weist, in der es zu suchen gilt. Darwin versteht als erster Biologe, was Physiker schon länger wissen: Es gibt nichts, was praktischer ist als eine gute Theorie. Er kennt die erste seiner Wissenschaft und braucht sie nur noch zu publizieren – dazu muss aber erst einmal das Rankenfüßerwerk abgeschlossen werden.

Das erste Licht auf den Menschen

»Licht wird auch fallen auf den Menschen und seine Geschichte.« So steht es gegen Ende der *Entstehung der Arten*, und es ist der einzige Satz dieses Werkes, mit dem sein Autor auf die Spezies eingeht, der er angehört – dabei muss ihm klar gewesen sein, dass alle Artgenossen auf genau dieses Licht warten beziehungsweise auf das, was dann mit ihm zu sehen sein wird. Kann der evolutionäre Gedanke auch die Abstammung des Menschen erklären?

Darwin wendet sich nur zögernd diesem großen Thema zu, obwohl sich seit Beginn der Rezeption seiner Theorie die (gebildeten und lesekundigen) Menschen mit der konkreten Sorge abmühen, ob Menschen – also sie selbst – gar Affen als Vorfahren haben. Zu diesem Thema kursieren sofort Unverschämtheiten und Aperçus wie beispielsweise die folgende aphoristische Bemerkung: »Wir sollen von Affen abstammen? Hoffen wir, dass es nicht wahr ist, und wenn es wahr ist, hoffen wir, dass es niemand erfährt.« Die Unverschämtheit äußert sich in der öffentlich gestellten Frage eines Bischofs an Thomas Huxley, einem Freund und eifrigen Verteidiger Darwins, ob er ihm – dem Bischof – sagen könne, ob Huxleys Großeltern väterlicher- oder mütterlicherseits von den Affen herkommen.

Was immer man auch denkt – sobald Darwins Gedanke erörtert wird, dreht sich das allgemeine Interesse um die Frage, welcher Platz den Menschen in der Natur zukomme. *Evidences as to Man's Place in Nature* – so heißt denn auch das 1863 von Huxley zu diesem Thema vorgelegte Buch, in dem er zu dem nicht völlig überzeugenden Schluss kommt, dass die Affenform, »welche dem Menschen in der Gesamtheit des ganzen Baus am nächsten kommt, entweder der Schimpanse oder der Gorilla ist«.

Darwin denkt in dieselbe Richtung; er skizziert sogar einen Stammbaum, den er Huxley schickt und in dem er einen Affenzweig in Gibbons, Orang-Utans, Gorillas, Schimpansen und natürlich auch Menschen auffächert (wie im Schlusskapitel zu sehen ist). Es dauert aber noch bis 1871, bevor er seine Grundansicht deutlich zum Ausdruck bringt – dass nämlich »der Mensch – wie jede andere Art – von einer früher existierenden Form abstammt« –, und er meint damit nicht nur den Körperbau, sondern auch unsere »höchsten« Fähigkeiten – etwa die kognitiven, moralischen und ästhetischen Qualitäten –, die sich seiner Ansicht nach rudimentär bereits bei »niederen« Lebewesen wie Katzen oder Hunden finden lassen.

Auf die Frage, wie sich der Menschenzweig von den anderen Ästen des Lebensbaums trennen konnte, riskiert Darwin eine mutige Antwort, und zwar durch die Betonung einer Selektionskraft, die der natürlichen Auswahl an die Seite tritt beziehungsweise im Anschluss an deren Wirkung die Entwicklung übernimmt. Er nennt sie bereits im Titel seines Buches *Die Abstammung des Menschen*, der in voller Länge im englischen Original *The Descent of Man, and Selection in Relation to Sex* heißt. Darwin verlässt sich also auf eine sexuelle Selektion, die manchmal auch mit wenig eleganten (eher abstoßend klingenden) Worten als geschlechtliche Zuchtwahl bezeichnet wird. Er hat diese Auslese bereits in seiner *Entstehung der Arten* eingeführt, um eine Eigenschaft wie den berühmten Pfauenschwanz verständlich zu machen. Solch ein vertracktes Gebilde wird kaum dem Überleben dienen und bestenfalls beim

Anlocken von Geschlechtspartnern beziehungsweise zu ihrer Überredung nützlich sein (was im Detail zu erkunden bleibt).

Die sexuelle Selektion wirkt sich nicht zwischen Lebewesen und ihrer Umwelt aus – dafür ist die natürliche Variante zuständig –, sie kommt vielmehr bei der Partnersuche zur Geltung und übt damit Einfluss innerhalb einer Lebensgemeinschaft (oder Population) aus. Zum Zweck der Vermehrung muss man bekanntlich einen Partner finden, und die Evolution hat zwei Möglichkeiten, hier Einfluss zu nehmen und Faktoren auszuwählen. Entweder überlässt sie den Zugriff den Männchen, oder sie gestattet die Auswahl den Weibchen.

Beide Fälle sind in der Natur realisiert und führen dabei zu vollständig unterschiedlichen Ergebnissen, wie Darwin sofort erkennt und wie leicht einzusehen ist: Ein Weibchen, das Mutter wird, investiert nämlich ungleich viel mehr, als ein Männchen, das Vater wird. Dieses unterschiedliche *parental investment* – so Darwins Ausdruck – führt nun eine entscheidende Differenz herbei: Wenn nämlich die Evolution es vor allem auf die Reproduktionsfähigkeit abgesehen hat, dann wird sie dafür sorgen, dass Weibchen auf Qualität und Männchen auf Quantität achten. Die Männchen schauen den Weibchen nach, und die Weibchen schauen sich die Männchen an. Und genau damit kann die Wirkung der sexuellen Selektion genauer erklärt werden. In den Worten von Ernst Mayr:

> *Hier besteht ein krasser Gegensatz zu den Männchen, die gewöhnlich bereit sind, sich mit jedem Weibchen zu paaren, und häufig nicht einmal einen Unterschied zwischen Weibchen der eigenen und anderen Art machen. […] Die Gründe für diesen krassen Unterschied beruhen auf dem Prinzip der Investition. Ein Männchen hat genug Samen, um zahlreiche Weibchen zu befruchten, seine Investition*

> *in eine einzelne Kopulation ist daher klein. Ein Weibchen dagegen produziert relativ wenige Eier und investiert viel Zeit und Mittel im Ausbrüten der Eier, Austragen der Embryonen und in der Brutpflege.*

Männchen werden sich darum bemühen, so viele Weibchen wie möglich – in Form eines Harems – zu begatten, und sie erreichen dieses Ziel, indem sie die Konkurrenten angreifen und zu verjagen versuchen. Ein Weg der sexuellen Selektion besteht also in männlichen Rivalenkämpfen, und die Lebensgemeinschaften oder Arten, in denen diese Praxis vorherrscht, bringen kräftige und ausdauernd kampffähige Tiere hervor, wogegen nichts einzuwenden ist. Beispiele finden Biologen vor allen Dingen unter Huftieren und Robben.

Doch die Natur hat auch Gelegenheiten geschaffen, bei denen den Weibchen die entscheidende Rolle der Partnerwahl zufällt, und sie sollte auf Qualität ausgerichtet sein. Darwin spricht dabei von der weiblichen Wahl – *female choice* –, und er erkennt, dass er mit ihrer Hilfe die Schmucktrachten der Männchen erklären kann. Weibchen wählen offenbar den Mann, der ihnen am besten gefällt, und dieses Gefallen hat nicht unbedingt mit unbeugsamer Kampfeslust und brutaler Muskelkraft zu tun. Vögel, bei denen die weibliche Wahl praktiziert wird, sind schön (für den menschlichen Blick) wie zum Beispiel Paradiesvögel, während nahe Verwandte, die ohne *female choice* vorgehen, grau oder schwarz wie Krähen sind.

Angemerkt sei an dieser Stelle, dass Darwin sich über weite Teile seines Buches über die Herkunft des Menschen der sexuellen Auslese im Tierreich widmet. Ihm muss selbst bald klargeworden sein, wie viel er da ausgelassen hat, und so kümmert er sich in einem weiteren Band über den Menschen um den Ausdruck unserer Gemütsbewegungen. *The Expression of the Emotions in Animals and Man* erscheint 1872 und steckt voller Anekdoten und Abbildungen, die das Buch zu einem großen Verkaufserfolg machen.

Kehren wir noch einmal zu Darwins Buch *Die Abstammung des Menschen* zurück. Mit und in ihm hat er einen weitertragenden und einen irreführenden Gedanken in die Welt gesetzt. Die gute Idee haben wir schon kennen gelernt – nämlich die sexuelle Selektion, die – vor allem in Form der weiblichen Wahl – eine Strategie darstellt, bei der es nicht um die klassischen Eigenschaften des Lebens geht, die mit dem ungeschickten Ausdruck vom Kampf ums Dasein in Verbindung gebracht werden, also zum Beispiel um Härte, Stärke, Durchsetzungsvermögen und Gewaltbereitschaft. Die sexuelle Selektion wirkt nach innen – in einer Lebensgemeinschaft – und sorgt dafür, dass all die Qualitäten sich entfalten, die wir so sehr schätzen, also Farbmuster, Schönheit, Mitgefühl und Anmut, um nur einige von ihnen zu nennen.

Die schlechte Idee besteht in der Annahme der Existenz eines Großaffen, der den Übergang vom Schimpansen zum Menschen darstellen und beides zur Hälfte sein soll. Unter diesem hypothetischen Bindeglied – dem Missing Link – stellt man sich im 19. Jahrhundert so etwas wie ein Wesen mit einem Kopf vor, in dem sich ein menschliches Gehirn und ein reißzahnbestückter Affenkiefer befinden. Darwin ist jedenfalls davon überzeugt, dass unter den Vorfahren des Menschen die Männchen über »große Eckzähne« verfügt haben, »welche ihnen als furchtbare Waffe dienten«.

Diese Überlegungen haben dafür gesorgt, dass sich in den folgenden Jahrzehnten viele Paläologen, Anthropologen und andere Ahnenforscher auf die Suche nach dem Missing Link zwischen Mensch und Affe gemacht haben. Heute reagieren wir eher gelassen an dieser Stelle, und vielfach ist der Gedanke geäußert worden, dass wir deshalb nicht nach dem fehlenden Bindeglied suchen sollten, weil wir selbst es sind. Auf jeden Fall muss noch mehr Licht auf die Geschichte des Menschen fallen, wenn wir verstehen wollen, wie wir geworden sind, was wir sind. In diesem Buch schalten wir die Lampe der Evolution später noch einmal ein.

Übrigens: Es ist klar, dass zu Darwins Zeit sehr wenig über die (biologische) Geschichte des Menschen bekannt war und es kaum Fossilien gab, mit denen man Deutungen wissenschaftlich begründen konnte. So konnte es nicht ausbleiben, dass Spekulationen und Glaubensbekenntnisse ins Kraut schossen und es sofort zu Konfrontationen zwischen Geistlichen und Biologen kam. Sie sind oft unglücklich verlaufen, da die Vertreter der Kirche vielfach weder informiert noch vorbereitet waren, was die Tatsachen der Evolution anging – wobei generell bis heute gilt, dass viele Menschen, die Darwins Mechanismus der natürlichen Selektion ablehnen, ohne jede eigene Anschauung oder Erfahrung mit der Natur argumentieren, die es zu erklären gilt.

Auf der anderen Seite meinen nach wie vor engstirnige Darwinisten, etwas gewinnen zu können, wenn sie sich und den anderen Menschen vorspielen, überzeugte Atheisten zu sein. Sie verbreiten ahnungslos den falschen Eindruck, die Debatte um die Evolution sei eine Auseinandersetzung zwischen Religion und Wissenschaft, bei der nur eine Denkrichtung überleben könne.

Leider verfallen wir nach wie vor in den grundlegenden Fehler der Einseitigkeit und bewerten alles nach dem Schema eines Entweder-oder. Entweder ist der Mensch (nichts anderes als) ein beseeltes Geschöpf Gottes, oder er ist (nichts anderes als) ein seelenloser Affe, der wiederum aus einem ebenso seelenlosen Zellhaufen besteht.

Zum Glück begriffen einige Mitglieder der anglikanischen Kirche schon zu Darwins Zeit, dass er und seine Kollegen keineswegs durch antireligiöse Ideale motiviert waren. Etwa von 1870 an gab es keine billigen Polemiken mehr aus geistlichen Kreisen, und als Darwin 1882 starb, beschloss man – wie bereits erwähnt –, ihn feierlich in der Westminsterabtei beizusetzen. Und bereits zwei Jahre nach dieser Feierlichkeit gab das christliche Establishment in England seinen offiziellen Segen zur Evolution, als Frederick Temple, der spätere Erzbischof von Canterbury, eine Reihe von Vorlesungen über das Verhältnis von Religion und Wissenschaft hielt. In ihnen überwand er den Gedanken an den Uhrmacher und schickte den niedlichen Menschenmacher in Pension: »Wir können sagen, Gott machte die Dinge nicht, nein, Gott machte, dass sich die Dinge selbst machten.«

Das ist schön gesagt, aber es lässt uns trotzdem fragen, wie es denn »eigentlich gewesen« ist, als die Menschen anfingen, aus der – ersten – Natur herauszutreten und eine eigene – die zweite – zu entwickeln, die wir heute als unsere Kultur kennen. Dieses Wort begegnet uns historisch zuerst als Agrikultur, in dem ein lateinischer Stamm – *cultura* – ausdrückt, dass es um die Bearbeitung und Veredlung von Pflanzen geht, also um den Beginn der Landwirtschaft und des Ackerbaus. Tatsächlich trennt sich mit dem Einsetzen des kultivierenden Tuns von Menschen die mit Sesshaftigkeit verbundene Lebens- und Verhaltensweise von der wahrscheinlich zuvor praktizierten Daseinsweise, die mit Jagen und Viehzucht einherging und zu der das nomadische Umherziehen gehörte. Über diese Auseinanderentwicklung informiert uns die Bibel, die von dem Ackerbauer Kain und seinem Bruder, dem Hirten Abel, erzählt. Vom Aufkommen des Ackerbaus am Ende der Jungsteinzeit (Neolithikum) vor etwa elf- bis zwölftausend Jahren haben uns aber auch die Wissenschaften in Kenntnis gesetzt, die sich auf die Spurensuche der Menschwerdung – der Hominisation – gemacht haben. Inzwischen nimmt man an, dass es damals eine neolithische Revolution gegeben habe, in deren Verlauf sich die Agrikultur durchsetzte und an deren Ende die kulturunfähigen Vertreter der Gattung *Homo* – der Neandertaler zum Beispiel – verschwunden sind.

Wer jetzt fragt, was den Übergang zum Ackerbau bewirkt hat, bekommt von der Wissenschaft die Auskunft, dass klimatische Verschiebungen – Kälteeinbrüche – die alte Ernährungsweise des Jagens und Sammelns unzureichend werden ließen. Mit anderen Worten: Wenn wir uns nicht so gewandelt hätten, wie Darwins Denken es uns zutraut, wäre die Falle von Malthus zugeschnappt und unsere Art verschwunden. Es gibt uns nur, weil die Evolution funktioniert und uns zur Kultur hinführen konnte. In ihrem Rahmen kann jetzt mehr Licht auf den Menschen fallen.

SCHLÜSSELBEGRIFFE

Art und Artbildung

Die Entstehung der Arten – das ist das Thema der Evolution, so wie es Darwin 1859 vorgegeben und selbst »das Geheimnis der Geheimnisse« genannt hat. Bei der Evolution geht es also um Arten – genauer um Tier- und Pflanzenarten. Wir haben uns längst an diesen Terminus der Fachkreise gewöhnt, die auf das lateinische *species* zurückgreifen und folglich von einer Spezies sprechen, deren Herkunft es zu verstehen gilt. Wir haben Arten ständig vor Augen – Amseln und Drosseln, Tulpen und Nelken, Löwen und Tiger, Äpfel und Birnen, Pferde und Esel und viele mehr – beziehungsweise es leuchtet ein, dass unsere Sprache viele Lebewesen mit gleichen (morphologischen) Merkmalen zu einer Einheit – eben der Art – zusammenfasst, ohne dass sie damit definiert wäre.

Bei Definitionen spielen Abgrenzungen eine Rolle – darin steckt das lateinische *finis* für das Ende, den Abschluss. Das heißt, wer eine Art in diesem Sinn genau bestimmen will, erklärt am besten, wer oder was nicht dazugehört. Da es nun in der Evolution stets darauf ankommt, Nachkommen zu erzeugen, hat schon das 19. Jahrhundert die Grenze anhand dieser Eigenschaft gezogen und festgelegt, »nur männliche und weibliche Individuen einer und derselben Art können miteinander fruchtbare Nachkommen erzeugen«. So steht es in Meyers Konversationslexikon von 1890 unter dem Stichwort »Art«, und das 20. Jahrhundert hat diesen Gedanken noch erweitert, indem es hinzugefügt hat: »Arten sind Gruppen von miteinander sich kreuzenden natürlichen Populationen, die von anderen Gruppen reproduktiv isoliert sind.« Diese Erklärung stammt von Ernst Mayr, und einer seiner Schüler, der Evolutionsbiologe Axel Meyer, konnte sie im 21. Jahrhundert wie folgt modernisieren: Zu einer Art gehören all jene Organismen, »die sich untereinander fortpflanzen und folglich Gene miteinander austauschen«. Damit ist keineswegs gesagt, dass es überhaupt keinen Genaustausch über Artgrenzen hinweg gibt, er findet nur höchst selten statt.

Die Tatsache, dass die Wissenschaft einem alten Begriff immer wieder neue Seiten abgewinnen kann – bei der Art zuletzt die genetische –, zeigt nicht, dass die Forscher zuvor nicht gewusst haben, wovon sie reden, sondern nur, dass sie über einige gute und haltbare Konzepte – wie dem der Art – verfügen, mit denen sie die Geheimnisse der Natur enthüllen können – wenn sie an ihnen arbeiten, ohne sie aufzugeben. Meiner Ansicht nach sind vor allem solche Begriffe spannend, die sich einer klaren Abgrenzung (Definition) entziehen, die folglich an ihren Rändern offen bleiben und Platz für neue Ideen lassen, die erst im Lauf der Zeit aufkommen können. Die Vorstellung des Atoms begleitet uns zum Beispiel seit der Antike und hat allen Modernisierungen standgehalten. Die Art kann das tatsächlich auch.

Unser Konzept ist also fest im Inneren, und so wollen wir an den Rand der Artkonzeption schauen, um zu sehen, wie wir die eigentliche Aufgabe der Evolution, das Werden einer neuen Spezies zu verstehen, sprachlich in den Griff bekommen. Das biologische Konzept des alten Mayr hebt die reproduktive Isolierung hervor, die sich oft findet und gut beobachten lässt – und zwar bereits in Städten, wenn zum Beispiel zwei Bäume auf einem sonst zubetonierten Platz, etwa vor einem Rathaus, weit genug getrennt voneinander stehen, sodass sich auf ihnen verschiedene Insektenpopulationen entwickeln können und so lange immer neue Varianten bilden werden, bis es sich um getrennte Arten handelt.

Mayr hat in vielen Büchern vorgestellt, wie sich für den Fall, dass zwei Populationen im Lauf der Zeit durch geografische Barrieren – eine Gebirgsbildung etwa, die zwei Täler hervorbringt – getrennt werden, diese Gruppen sich in ihren jeweils leicht unterschiedlichen Gebieten unabhängig weiterentwickeln und zu neuen Arten werden, deren Individuen sich eines fernen Tages nicht mehr mit den Mitgliedern der abgetrennten Gruppe kreuzen und (selbst wieder fruchtbaren) Nachwuchs hervorbringen können. Mayr nannte das »allopatrische Speziation«, was man sinngemäß als »Artbildung durch verschiedene Orte« übersetzen könnte. Mithilfe der in zerklüfteten Landschaften lebenden Vogelwelt auf Neuguinea gelang es ihm, bereits in den 1940er Jahren nachzuweisen, dass es diesen Mechanismus tatsächlich gibt (ohne dass sich bis heute im zellulären oder molekularen Detail sagen ließe, was da wie passieren muss oder sich ändern kann).

Dies ist aber nicht die einzige Möglichkeit. Es gibt über Mayrs Konzept hinaus auch eine Artbildung ohne geografische Barrieren, eine sogenannte »sympatrische Speziation«, also das Entstehen neuer Arten in einem Gebiet, das von unterschiedlichen Populationen gemeinsam besiedelt wird. Diesen Vorgang untersucht der Evolutionsbiologe Axel Meyer, der zu diesem Zweck Buntbarsche (Cichliden) vor allem in afrikanischen und amerikanischen Seen erforscht. Ihm stehen neben den traditionellen morphologischen Befunden auch genetische Daten zur Verfügung, und sie zeigen, dass zum Beispiel im Viktoriasee viele Hundert Arten von Buntbarschen nebeneinander entstanden sind, und zwar in der für Evolutionsbiologen äußerst kurzen Zeit von hunderttausend Jahren, ohne in voneinander getrennten Gebieten zu existieren.

Meyers Fazit: »Neue Arten können […] in ›Sympatrie‹ (bei sich überlappenden Verbreitungsgebieten) und nicht nur in ›Allopatrie‹ (bei geografisch getrennten Verbreitungsgebieten) entstehen, wie Ernst Mayr es gefordert hatte.«

Dieses überzeugende wissenschaftliche Ergebnis kann leider nicht darüber hinwegtäuschen, dass die Evolutionsbiologie im populären Verständnis ihre Aufgabe damit noch längst nicht erfüllt hat. Laien wollen nicht nur Auskunft darüber bekommen, wie aus einer Buntbarschart eine zweite oder aus einem Bakterium ein anderes wird. Sie wollen wissen, wie eine völlig neue Art entstehen kann, wie etwa aus einem Wolf ein Hund wird, wie sich vielleicht sogar ein Fisch mit Flossen in ein Landwesen mit beinartigen Gliedmaßen verwandelt oder – noch lieber – wie bei einem Vogelvorläufer, der zwar noch am Boden lebt, aber schon Federn hat, aus diesen Gebilden Flügel werden und somit Vögel entstehen können. Und sie möchten am allerliebsten erfahren, wie der Mensch aus einem Affen (aber aus welchem?) hervorgehen konnte. Die Forschung arbeitet stetig und intensiv und manchmal auch erfolgreich an diesen Fragestellungen, aber die Entstehung der Arten zu verstehen, bleibt nach wie vor eine herausfordernde Aufgabe, die Darwin zwar angestoßen hat, die aber von der modernen Evolutionsbiologie längst noch nicht bewältigt worden ist.

Die populäre Bezeichnung »Art« ist übrigens historisch im Jahrhundert vor Darwin eingeführt worden, um das Vorhaben des Schweden Carl von Linné zu verwirklichen, allen Lebewesen einen zweiteiligen Namen zuzuweisen, der sich aus der Gattung und der Art zusammensetzt (entsprechend dem Vor- und Familiennamen beim Menschen). Linné ordnete die organische Welt mittels einer »binären Nomenklatur«, und seitdem heißt etwa ein Gummibaum *Ficus elastica* oder eine Fliege *Drosophila melanogaster.* Erst wird eine Gattung genannt – es gibt zum Beispiel die Gattung der Tanne *(Abies)* oder die des Menschen *(Homo)* –, und dann folgt die Bezeichnung der Art – *Abies alba* im Fall der Weißtanne und *Homo sapiens* im Fall des »vernunftbegabten Menschen«, dem man heute ab und zu noch eine Unterart unterschiebt, die als *Homo sapiens sapiens* den anatomisch modernen Menschen erfasst. Früher bezeichneten die Biologen die Untereinheiten einer Art als Rasse (außer wenn es sich um Pflanzen handelte, bei denen man nach wie vor von Sorten spricht). Es stellte und stellt auch kein Problem dar, Hunderassen zu unterscheiden (oder gar zu züchten) – Windhunde und Doggen zum Beispiel –, aber da in der Sprache der Politik das Wort Rasse eine diskriminierende Konnotation hat, verzichten die Zoologen inzwischen auf den Gebrauch dieses Ausdrucks.

Als Linné sein System schuf, war er wie alle seine Zeitgenossen von der Konstanz der Arten überzeugt, das heißt, er glaubte sogar, dass diese Gruppierung die Grundeinheit des Lebens darstelle, die Gott in die Welt gesetzt habe. Für Linné gab es so viele Arten, wie ursprünglich im Rahmen der Schöpfung geschaffen worden waren, und die wissenschaftliche Welt schloss sich dieser Überzeugung gerne an. Aus diesem Grund mussten die Arten im Titel von Darwins Buch erwähnt werden, und sie sollten dort unmissverständlich als etwas charakterisiert werden, das im Wandel ist und nach wie vor entstehen kann – nämlich durch die natürliche Selektion.

Übrigens: Darwins Gedanke wird oft als revolutionär bezeichnet, und mir scheint, dass es dafür einen historischen – also guten – Grund gibt, obwohl viele Wissenschaftler es inzwischen ablehnen, von wissenschaftlichen Revolutionen zu reden. Die Revolution, auf die es hier ankommt, hat in England stattgefunden. 1688/89 kam es in Darwins Heimat zu einer »Glorreichen Revolution«, die buchstäblich eine Umwälzung war, da sie dort endete, wo sie losgegangen war. Vor der Revolution hatte England einen König und danach auch – allerdings mit einem Unterschied. Vorher beruhte der monarchische Herrschaftsanspruch auf der Vorstellung des Gottesgnadentums, also der Legitimation des Herrschers durch den Willen Gottes. Nach der Revolution war das Parlament, also die Volksvertretung, und nicht mehr der König der Träger der Staatssouveränität. Beim Darwinismus handelt es sich um eine ähnliche Revolution – bevor Darwin seine biologische Evolutionstheorie aufstellte, galten die Arten als von Gott geschaffen, danach sind dafür die Menschen verantwortlich, denn die von ihm entwickelte Theorie, die auf Vererbung, Veränderung und natürlicher Auslese basiert, stammt unbestreitbar vom Menschen.

Selektion

»Auslese« – so lautet die Übersetzung des lateinischen Wortes *selectio*, und aus dem eher elegant anmutenden Tun ist die oftmals rücksichtslose Selektion geworden, die überstehen muss, wer überleben will. Darwins Verwendung der Selektion rührt von dem Vorbild der Zuchtwahl her, die Züchter – von Pferden, Tauben, Bienen, Hunden, Katzen oder vielen anderen Organismen – vornehmen, weil sie ein klares Ziel verfolgen (und ihr Produkt auf dem Markt anbieten wollen). Sie wählen unter den Nachkommen einer Kreuzung diejenigen Lebensformen aus, deren Eigenschaften der gewünschten Absicht am nächsten kommen, was bedeutet, dass diejenigen Individuen, die darüber nicht verfügen, ausgesondert werden und nicht mehr zum Zug kommen.

Darwins Einsicht besteht darin, dass auch die Natur – im übertragenen Sinn – eine Züchterin ist, mit dem Unterschied, dass sie keinerlei Ziel verfolgt und zukunftsblind operiert. Sie nimmt ihre natürliche Selektion statistisch vor, indem sie Varianten entstehen lässt, die einer gegebenen Umwelt verschieden gut angepasst und eingefügt sind – dann allerdings mit der Folge, dass sie sich unterschiedlich stark vermehren können. Wer in der Umgebung, in der er lebt, nicht zurechtkommt, wird irgendwann sterben, ohne Nachkommen hinterlassen zu haben, und über welche besonderen Eigenschaften auch immer dieser Organismus bis dahin verfügte, sie sind und bleiben danach für die Nachwelt verloren.

Der Biologe George Gaylord Simpson hat dies einmal drastisch durch die Bemerkung formuliert, dass der Affe, der keine räumliche Vorstellung von dem Ast hatte, nach dem er springend greifen wollte, sein Ziel verfehlte. Das führte dazu, dass er abstürzte und sich nicht als einer unserer Vorfahren qualifizierte. Anders gewendet: Wir stammen von Affen ab, die über eine gute räumliche Orientierung verfügten – die ein Bild der Bäume im Kopf hatten –, und so können wir bis heute sehr wohl abschätzen, ob wir den Sprung zu dem Ast hin schaffen, wenn wir etwa als Kinder an ein Vogelnest herankommen wollen, das wir in den Zweigen über uns erblickt haben.

Natürliche Zuchtwahl kommt im Wechselspiel von individueller Variation und spezieller Umwelt zustande, die einen Selektionsdruck erzeugt, wobei jeweils erworbene Eigenschaften Vor- und Nachteile bieten können, je nachdem unter welchen äußeren Bedingungen sie zum Einsatz kommen. Immer wieder erwähnt wird die Fähigkeit früher Menschen, die nicht im Übermaß vorhandene und vielfach verborgen wachsende zuckerhaltige Nahrung aufzusuchen, die sie durch ihre Süße verlockte, weil sie diese dringend für den Stoffwechsel benötigten. Und dieses Verlangen trifft in den heutigen gut sortierten Einkaufsparadiesen auf leichte Beute. Die süßen Verführer liegen bequem an der Kasse aus und werden von uns Naschkatzen ohne Anstrengung gegriffen und sofort gegessen – was dann rasch dick und krank macht, also etwas herbeiführt, das die natürliche Selektion auf keinen Fall bevorzugt hätte (und nur zustande kommt, weil das richtige Verlangen am unpassenden Ort auftritt).

Ein anderes Beispiel aus der Welt der Menschen findet sich in der Tatsache, dass wir nicht mehr in der Lage sind, Vitamin C selbst zu produzieren, was unter anderem mit dem Hinweis auf die vielen Früchte begründet wird, die in den evolutionären Anfangszeiten der Menschheit verfügbar waren. Sie fehlen zum Beispiel in künstlichen Umwelten wie auf einem Schiff, weshalb die ersten Seefahrer, die monatelang unterwegs waren, unter der Vitaminmangelkrankheit Skorbut litten (bis dies von Ärzten bemerkt wurde, die die Mitnahme von Zitronensaft empfahlen und so endlich dieser Mangelerscheinung Abhilfe verschafften).

Diese beiden Beispiele rücken in die Nähe des Medizinischen, und tatsächlich zeigt sich die Wirksamkeit der Selektion in der heutigen Zivilisation am deutlichsten in der Behandlung von Patienten, die unter bakteriell bedingten Infektionskrankheiten leiden und mit Antibiotika behandelt werden. Vor dem Aufkommen etwa von Penicillin und Streptomycin in der Mitte des 20. Jahrhunderts konnte ein Arzt kaum etwas ausrichten gegen Tuberkulose oder Hirnhautentzündung (Meningitis), aber mit den Mitteln der bakteriologischen Wissenschaft glaubte die Medizin triumphieren und das Buch über Infektionskrankheiten schließen zu können. Doch inzwischen sind viele der scheinbar besiegten Bakterien wieder da, gegen welche die alten Antibiotika punktgenau wirkten. Und die Erklärung dafür liefert die Evolution: Die neuen Infektionserreger haben nämlich die Selektion durch Penicillin und andere Wirkstoffe hinter sich gebracht. Sie können in einer Umwelt mit Antibiotika (über)leben, weil sie resistent gegen die Medikamente geworden sind. Es gibt Untersuchungen, die zeigen, wie genau die Einnahme etwa von Penicillin und die Zunahme von resistenten Erregern in ihrem Zeitverlauf im späten 20. Jahrhundert übereinstimmen und also miteinander korreliert sind.

Die bedrohliche Entwicklung der Resistenz gegenüber Antibiotika lässt unter anderem erkennen, was sich leicht vorstellen lässt, dass nämlich menschliches Eingreifen raschere

Selektionen hervorbringt als die natürlichen Mechanismen. Deshalb soll die Idee einer Zuchtwahl (Auslese) noch mit anderen Beispielen dieser Art veranschaulicht werden – um dabei nicht zuletzt zu lernen, dass die biologischen Wege voller Unwägbarkeiten sind und das Leben viele Überraschungen bereithält.

Der amerikanische Biologe David S. Wilson erzählt in seinem 2007 erschienenen Buch *Evolution For Everyone* von einem Versuch, die Eierproduktion im Hühnerstall durch Selektion zu steigern. Zwei Methoden sollten dabei verglichen werden – das eine Mal wurde nur die jeweils produktivste Henne aus den zahlreichen Gehegen ausgewählt, um die nächste Generation auszubrüten, und im zweiten Fall wurden alle Hennen aus besonders produktiven Käfigen für diese Aufgabe selektiert. Was auf den ersten Blick kaum einen Unterschied auszumachen schien – außer dass vielleicht die Auswahl der besten Individuen effizienter als die Selektion der besten Gruppen sein sollte –, führte zu einem Ergebnis, das die experimentellen Züchter ziemlich verblüffte (oder gar entsetzte). In dem Käfig mit den Nachfahren der legeträchtigsten Individuen hatte nämlich kaum eine Henne überlebt, während die Selektion nach der zweiten Methode hervorragende Produktionsergebnisse zeigte.

Dieser eklatante Unterschied lässt sich dadurch erklären, dass die besten Individuen ihren ursprünglichen Erfolg beim Eierlegen offenbar nicht zuletzt der Tatsache verdankten, dass sie die Produktivität anderer Artgenossen im Käfig unterdrückt hatten. Bei dem ersten Selektionsverfahren waren also die gemeinsten Hennen ausgewählt worden, und deren Nachfahren kämpften nun auf Leben und Tod gegeneinander. Im zweiten Fall hingegen – bei der Selektion von Gruppen – wirkte die Zuchtwahl gegen aggressives und für kooperatives

Verhalten, und das zeigte sich Generationen später im Erfolg der Eier legenden Nachfahren.

Ein anderes Beispiel handelt von einem russischen Züchter namens Dmitry Belyaev, der eine bestimmte Fuchsart – den mit einem schwarzgrauen Fell ausgestatteten Silberfuchs – zahm züchten wollte. Als er in den 1950er Jahren damit anfing, hatte man schon hinreichend Erfahrungen mit wilden Silberfüchsen gesammelt, die man eingefangen hatte und von deren Nachwuchs man vor allem das Fell verwerten wollte. Auf dieses Ziel hin war in den Jahren der Gefangenschaft selektiert worden, ohne dass dabei zahme Varianten erschienen waren. Nach ihnen wollte Belyaev nun Ausschau halten – und vierzig Jahre und mehr als vierzigtausend Silberfüchse später konnte er einen Silberfuchs präsentieren, der die Bezeichnung »domestiziert« verdient hatte. Die gezüchtete Art floh nicht mehr beim Anblick von Menschen, sie suchte vielmehr Kontakt zu ihnen, und die jungen Füchse verhielten sich dabei so zutraulich wie kleine Hunde.

Diese Qualität zeigte auch, was Belyaev tatsächlich erreicht hatte – seine Selektion von Zahmheit hatte zu Silberfüchsen geführt, die einfach in ihren Kindertagen steckenblieben, deren Entwicklung sich ewig hinzog. Sie waren mehr oder weniger kleine Hunde geworden – mit einem breiteren Schädel, kürzeren Beinen, lockigem Schwänzchen, einem gefleckten Fell und vielen Eigenschaften mehr, die sie uns so niedlich erscheinen lassen. Wohlgemerkt – die Selektion zielte auf zahme Tiere, und sie hat auch funktioniert. Wir haben dabei aber von der Evolution mehr bekommen, als wir »bestellt« haben. Die Selektion funktioniert, aber wie genau wir uns auf sie verlassen können, wenn wir ein uns gefälliges Ziel vorgeben, das ist eine ganz andere Frage.

Die Antwort auf die Frage, wie und was in der Natur, im Leben, in der Evolution ausgewählt wird, stellt wahrscheinlich eine unendliche Geschichte dar, auf die wir – unter verschiedenen Aspekten – noch ein paarmal zurückkommen werden. Hier sei auf jeden Fall schon einmal darauf hingewiesen, dass Selektion zum einen nicht der einzige Weg ist, auf dem die Evolution vorankommen kann – sie kann sich auch einfach treiben lassen –, und dass die getroffene Auswahl nicht auf irgendeine Perfektion zielt (wer wüsste auch zu sagen, was das sein soll?). Sie sorgt »nur« dafür, dass man dort, wo man lebt, so gut zurechtkommt wie die anderen (oder sogar etwas besser als sie) und dabei ausreichend Nachwuchs in die Welt setzt.

Anpassung

Darwin hätte sein Hauptwerk wohl besser über die Anpassung als über die Entstehung der Arten geschrieben, denn das ist das, was er erkundet hat und was die Evolutionsbiologen bis heute genauer beobachten können als das vollständige Auftauchen neuer Arten. Anpassung klingt beim ersten Hören eher anrüchig, denn wer erntet schon Ruhm, wenn er sich der herrschenden Meinung anpasst? Das Wort bezeichnet aber den Mechanismus, den das Leben zu beherrschen hat. Statt »Anpassung« sagt man manchmal auch »Adaptation«, was vom lateinischen Wort für anpassen, *adaptare*, kommt, wobei sich häufig die Kurzform »Adaption« in der Literatur findet, in der bisweilen auch von Adaptierung die Rede ist – viele Ausdrücke also für die eine lebenswichtige Tatsache, der wir uns jetzt zuwenden wollen.

Als adaptiv bezeichnen Evolutionsbiologen zwar Merkmale, die es Organismen langfristig erlauben, ihre Überlebens- und Vermehrungsaussichten zu vergrößern. Diese Festlegung berücksichtigt jedoch nicht die unmittelbare Besonderheit, dass es eine konkrete Anpassung zwischen dem Lebewesen und seiner Umwelt geben muss. Irgendeine Fähigkeit der Individuen einer Art muss an eine oder mehrere der Gegebenheiten, die der gewählte oder vorgefundene Lebensraum bietet, angepasst sein und sich ihnen anschmiegen oder einfügen.

Betrachten wir zum Beispiel die menschlichen Augen, deren Empfindlichkeit dem Licht angepasst ist, das unseren Planeten von der Sonne erreicht. Das Zentralgestirn sendet eine

Menge Strahlung aus, und die Physiker können genau messen, welche Anteile es zusätzlich zu denen gibt, die wir wahrnehmen. Sie erreichen allerdings nicht alle die Oberfläche der Erde, deren Atmosphäre nur bedingt durchlässig für das Sonnenlicht ist. Als dies und die Empfindlichkeit der Augen genau vermessen wurden, stellte sich heraus, dass unsere Lichtorgane sehr genau auf die Strahlung reagieren, die zu uns (und bis zu ihnen) durchkommt. Wir sehen also (sinnvollerweise) nur dort etwas, wo es etwas zu sehen gibt, und wir sehen Farben erst, seitdem es die durch sie erkennbaren Unterschiede in der Welt vor unseren Augen tatsächlich gibt. Als vor Millionen von Jahren die damals vor allem aus Palmen und Feigenbäumen bestehenden, mehr oder weniger gleichfarbigen Wälder durch eine Vielfalt von anderen – farblich zu unterscheidenden – Pflanzen und Baumarten bereichert wurden, passte sich das Sehen diesem bunten Angebot der Umwelt an, und es entwickelte sich die Fähigkeit, Rot von Grün und Gelb und Blau zu unterscheiden.

Wir sehen aber nicht nur, wo es etwas zu sehen gibt, wir hören auch nur dort, wo es etwas für uns Relevantes zu hören gibt. Dies zeigen Experimente besonders deutlich für den Frequenzbereich der menschlichen Stimme. Unsere Sinnesorgane sind so angepasst, dass sie uns in den Bereichen und unter den Umständen informieren, in und unter denen es für uns wichtig ist. Und was für uns gilt, trifft auch für das sensorische Vermögen der Tiere zu – auch ihre entsprechenden Organe sind so angepasst, dass sie ihren Trägern die Informationen übermitteln, die für ihre Lebensweise von Bedeutung sind und zum Überleben beitragen.

Um sich die evolutionäre Leistung der Anpassung zu verdeutlichen, lohnt es sich, einen Blick auf Situationen zu werfen, in denen keine Adaption vorliegt. Wir können zum Beispiel unter Wasser schlecht oder gar nicht sehen, und wir denken, dass Fische stumm sind – aber nur, weil unser Hörapparat nicht an den Schall angepasst ist, der Wasser auf dem Weg zum Ohr durchquert. Wir müssen von Luft umgeben sein, sowohl um gut und klar zu sehen, als auch um akustisch korrekt wahrnehmen zu können. Was das Sehen weiter angeht, so gehört es zu den berühmten frühen Erfahrungen der Sinnesforscher, dass Frösche zwar geschickt nach Fliegen schnappen können, jedoch nur wenn die Insekten fliegen. Liegen sie bewegungslos neben den Amphibien, übersehen diese die Insekten. Frösche verhungern inmitten toter Fliegen, weil ihre Sehleistungen nicht an diese (eigentlich bequeme) Situation angepasst sind. Sie hat in der Evolution einfach keine Rolle gespielt.

Wie genau wir – mittels der Augen auf jeden Fall – weniger an das Licht angepasst sind, das die Sonne aussendet, sondern an die Strahlung, die es bis zur Erdoberfläche schafft, zeigt die Beobachtung aus der Raumfahrt, dass die Kosmonauten nicht in der Lage waren, die Farbe des Mondes zu beschreiben. Sie sahen dessen Gesteine und Ebenen im direkten Sonnenlicht und ohne Filterung durch eine Atmosphäre – und an diese Situation ist unser Auge mit dem dazugehörigen Sehapparat nicht angepasst –, und es konnte für diese Situation keine Adaption geben.

Übrigens – die Erfahrungen eines dreidimensionalen Raums haben wir Menschen zwar von unseren baumlebenden Vorfahren mit auf den evolutionären Weg bekommen, wer aber aus einem zweidimensionalen Lebensraum, etwa einer Steppe, kommt, scheitert durchweg an senkrechten Hindernissen – Vögel und Säugetiere etwa, die seit ihren Ursprüngen in der Steppe gelebt und sich nur an die zwei Dimensionen angepasst haben, die es dort zu bewältigen gilt.

Aus Beobachtungen dieser Art hat man allgemein geschlossen, dass die gesamte Erfassung der (realen) Umwelt – ihre Erkenntnis – sich einer Anpassung verdankt, und diese Idee ist als »evolutionäre Erkenntnistheorie« entwickelt. Ihre zentrale Einsicht kann man mit Gerhard Vollmer wie folgt formulieren: »Unser Erkenntnisapparat ist das Ergebnis der Evolution. Die subjektiven Erkenntnisstrukturen passen auf die Welt, weil sie sich im Laufe der Evolution in Anpassung an diese reale Welt herausgebildet haben. Und sie stimmen mit den realen Strukturen (teilweise) überein, weil nur solch eine Übereinstimmung das Überleben ermöglichte.«

Dieses Konzept erklärt elegant, warum wir Schwierigkeiten mit dem Erkennen haben, wenn es um Zeiten geht, an die wir nicht angepasst sind – die Jahrmillionen der Evolution zum Beispiel –, oder wenn Geschwindigkeiten ins Gedankenspiel kommen – wie die des Lichtes mit 300 000 km/sec –, die wir nie erreicht haben. Es erläutert leider nicht, warum es Menschen trotzdem möglich ist, die Atome und den Kosmos im Kontext der Wissenschaft zu verstehen, bei denen es um Dimensionen geht, bei denen unseren adaptiven Sinnen nur schwindeln kann.

Auf das evolutionäre Erkennen (und seine Grenzen) werden wir später noch einmal zurückkommen, wollen aber zunächst Anpassungen von einfacheren Organismen vorführen, die ebenso erstaunlich sein können. Die schönsten Beispiele finden sich bei Orchideen, die ihren Blütenbau auf fantastische Weise abgewandelt (angepasst) haben, um die Bestäubung sicherzustellen, die sie für ihr Überleben benötigen. Es gibt Blüten, die so modifiziert sind, dass sie wie ein weibliches Insekt aussehen und sogar einen Duft verströmen, der den Sexuallockstoff imitiert, mit dem das Männchen angezogen wird. Es kommt dann auch, paart sich brav mit dem falschen

Weibchen und sammelt dabei die Pollen ein, die es ebenso brav auf die nächste Orchidee trägt, deren angepasste Blütenform erneut eine Scheinbegattung zur Bestäubung offeriert, und so weiter einen ganzen schönen Sommer lang.

Eine raffinierte Anpassung zeigen auch Kletterpflanzen, die in tropischen Urwäldern leben. Wenn sie noch klein sind, wachsen sie nicht zum Licht hin, wie das die meisten Lebensformen tun. Sie suchen – im Gegenteil – das Dunkel, um am Boden den Baum zu finden, an dem sie sich dann emporranken können. Wenn sie das tun, bleibt der aufsteigende Spross dicht am Stamm kleben, und erst wenn die Zonen erreicht sind, bis zu denen Licht den Dschungel durchdringt, entwickeln sich Blattstiele, die die Sonnenenergie absorbieren und nutzen können. Wie die Menschen »sieht« eine Kletterpflanze erst dort etwas, wo es etwas zu sehen gibt, wobei in diesem Fall sogar der gesamte Entwicklungsprozess adaptiv ist, der empfindlich auf die Umwelt (ihr durchgelassenes Licht) reagiert und genau die Erscheinungsformen der Blätter entstehen lässt, die bei unterschiedlichen Bedingungen (Wachstumsstadien) gefragt oder adaptiv sind.

Anpassungen von Schädelknochen zeigen sich zum Beispiel bei Schlangen. Während bei den meisten landlebenden Wirbeltieren eine starre Verbindung zwischen einzelnen Knochen im Kopfbereich besteht, sind sie bei den Schlangen nur lose verankert. Nur aus diesem Grund sind sie in der Lage, Opfer zu verspeisen, die viel größer als ihr Schädel sind.

Erfahrene Naturbeobachter und geschulte Evolutionsbiologen können ein Leben lang von Beispielen für Anpassungen in der Natur erzählen, wobei vor allem das Leben unter extremen Bedingungen von Interesse ist – Adaptionen an heiße Quellen, karge Hochgebirgslandschaften, lichtlose Höhlen, trockene Wüsten und einiges mehr. Trotzdem hat das bis heute eine Gruppe von Kollegen nicht daran gehindert, die berechtigte Frage zu stellen, ob tatsächlich alles, was wir in der Natur beobachten, als Anpassung zustande gekommen ist. Kann es nicht Körperformen oder andere Eigenschaften von Organismen geben, die eher zufällig oder nebenbei aufgetreten sind? Sind männliche Brustwarzen wirklich eine Anpassung, und wenn ja, an was? Ist es eine Adaption, dass uns der Duft von Rosen gefällt – und wenn ja, wie konnte das den Reproduktionserfolg steigern? Was ist mit den Flügeln des Straußenvogels, der doch nicht mehr fliegt? Warum haben Menschen einen Blinddarm? Warum wachsen uns Weisheitszähne?

Es lohnt sich grundsätzlich, diese Fragen zu stellen – nicht zuletzt, weil die Antworten der Wissenschaft sich verändern. So galt zum Beispiel der Blinddarm zwar lange Zeit als funktionslos, aber inzwischen traut man ihm eine Rolle bei der Immunabwehr zu. Die Brustwarzen der Männer werden – so die aktuelle Ansicht – höchstwahrscheinlich tatsächlich nicht gebraucht und sind vermutlich nur entstanden, weil es einfacher war, Männer und Frauen mit gleichen oder vergleichbaren Entwicklungsstadien aufwachsen zu lassen. Und was die Straußenfedern angeht, so stören sie ihren Träger nicht, wenn er zum Spurt ansetzt, weshalb kein Selektionsdruck für oder gegen sie zu erkennen ist, und den Rest wollen wir offen lassen. Wenn es sich um Anpassungen handelt, dann weisen sie darauf hin, dass unser Verständnis der Evolution diese Aufgabe noch bewältigen muss, nämlich sich diesen Tatbeständen anzupassen. Das ist die Eigenart von Anpassungen – man versteht sie durch Anpassung.

Tiefenzeit und Fossilien

Wie viel Zeit steht der Natur zur Verfügung, wenn sie Anpassungen vornimmt beziehungsweise ihre selektiven Kräfte entfaltet? Noch zu Darwins Zeiten hielt sich in einigen Kreisen der Gedanke an eine junge Erde, die Gott vor ein paar tausend Jahren geschaffen hatte, aber nach und nach entdeckten die Geologen des 19. Jahrhunderts das, was man heute die Tiefenzeit der Erde nennt. Von ihr wissen wir inzwischen, dass sie nicht nur Hunderttausende, Millionen oder gar Hundertmillionen, sondern Milliarden Jahre weit zurückreicht. Das Leben hatte also viel Zeit, sich zu entwickeln, und zwar vor allem deshalb, weil es sich schon kurz nach der Entstehung der Erde auf unserem Planeten festsetzen und organisieren konnte.

Die Wissenschaft teilt die Geschichte der Erde in Zeitalter ein, die fast vier Milliarden Jahre zurückreichen und mit einer bereits belebten Urzeit beginnt, die Archaikum genannt wird. Darauf folgen das Erdaltertum (Paläozoikum) vor rund vierhundert Millionen und ein Mittelalter (Mesozoikum) vor rund zweihundert Millionen Jahren bis in die Neuzeit mit ihrer Eiszeit (Pleistozän), die vor etwas mehr als zehntausend Jahren von dem wärmeren Holozän abgelöst wurde – zu unserem Glück, wie uns Max Frisch in seiner parabolischen Erzählung *Der Mensch erscheint im Holozän* vor Augen führt. In der angenehm temperierten Periode konnte der Mensch sich so entwickeln, dass die Erde inzwischen durch ihn noch viel wärmer wird und für die Gegenwart der Ausdruck »Anthropozän« – menschengemachtes Zeitalter – in Umlauf gekommen ist, über deren genauen Anfang sich die gelehrte Welt nicht einigen kann.

Bereits in der archaischen Periode der Erde kann man Spuren von Leben nachweisen, das heißt Spuren, die frühe zelluläre Strukturen hinterlassen haben und den extrem heißen Umgebungen angepasst waren, die charakteristisch für die blutjunge Erde waren. Wie diese ersten – vermutlich ziemlich klebrigen und eher trägen – Zellen sich gebildet und vermehrt haben können, ist bisher nicht hinlänglich entschlüsselt beziehungsweise in der Forschung noch umstritten. Man kann jedoch mit guten Gründen vermuten, dass das Leben auf der Erde mit etwas begonnen hat, »was der mittelalterlichen Vorstellung von Hölle sehr nahekommt«, wie der britische Paläontologe Richard Fortey in seinem Buch *Leben – Die ersten vier Milliarden Jahre* pfiffig festhält, um hinzuzufügen, dass die anschließende darwinsche Geschichte der Organismen »eine weit phantastischere Transformation« darstellt, als sich selbst die kühnsten Alchemisten ausgedacht haben – eine Sicht, der man sich durchaus anschließen kann.

Bei aller Sachlichkeit ist es verwunderlich, wie zäh das Leben an diesem Planeten hängt und wie früh es ihn besiedelt hat. Es scheint gerade so, als ob irgendetwas, das Leben ermöglichen konnte, nur darauf gewartet habe, sich an diesem Ort niederzulassen und sich auf seiner Oberfläche zu entfalten. Solche Sätze diktiert der gesunde Menschenverstand – sie gehören daher nicht in einen wissenschaftlichen Diskurs, der dessen Kompetenz oft und gründlich widerlegt hat.

Unabhängig davon erstaunt es, dass sich das Leben so rasch auf unserem Planeten manifestiert – sobald er da und nicht mehr zu heiß ist –, wobei es lange auf separate Zellen beschränkt bleibt. Vor rund zwei Milliarden Jahren muss es dann den ersten Einzelgängern gelungen sein, sich zu vielzelligen Gebilden zusammenzuschließen und erste Lebensbündnisse auszubilden. Da es heute noch einen Schleimpilz namens *Dictyostelium discoideum* gibt, der normalerweise in Gestalt einzelner Zellen existiert, die sich, wenn die Nahrung knapp wird, als soziale Amöbe zusammenschließen, ist es gestattet anzunehmen, dass es ebenfalls Stressbedingungen dieser Art waren, die den Selektionsdruck für das frühe kooperative Verhalten von Zellen ausgeübt haben, sodass das frühe Aufkommen von vielzelligem Leben als Anpassung erkennbar und begreiflich gemacht werden kann.

Diese ersten evolutionären Schritte erfolgen unvorstellbar langsam – über Jahrmilliarden –, beinahe wie heutzutage die Vorbereitung einer Europa- oder Weltmeisterschaft im Fußball. Über Jahre hinweg werden eher langweilige Qualifikationsspiele ausgetragen, bis endlich einige Teams dieses Auswahlverfahren überstanden haben und sich nun – erneut viele zähe Wochen lang – auf das Turnier vorbereiten. Echte Bewegung und wirkliches Interesse kommen erst mit dem Eröffnungsspiel auf, und das Pendant dazu ereignet sich in der Evolution des Lebendigen in der Periode, die als Kambrium bezeichnet wird und eine Zeit meint, die um die fünfhundert Millionen Jahre und mehr zurückliegt. Im Kambrium explodiert das Leben, wie Paläontologen gerne sagen, weil sie viele Fossilien kennen, die aus dieser Zeit stammen. Dabei handelt es sich vor allem um Fossilien von Meeresbewohnern, die mit einer harten Schale ausgestattet waren und drei Körperteile erkennen lassen – einen Kopf, einen Schwanz und ein Mittelstück –, weswegen sie Trilobiten genannt werden.

Das Wort Fossilien, das ab dem 16. Jahrhundert in Gebrauch ist, benutzte man zunächst einfach für Ausgrabungen. Spätestens seit dieser Zeit graben Menschen gezielt und forschend in der Erde, um bei dem Anblick von versteinerten

Formen (auch Petrefakte genannt) aufzumerken. Sie werden seit dem 19. Jahrhundert als Zeugnisse vergangenen Lebens gedeutet, ausgestellt und längst auch auf dem Markt angeboten. Die Geologen, die den Aufbau der Erde erkundeten, stellten in den frühen Jahren der europäischen Wissenschaftskultur fest, dass unser Planet in seiner Erde Schichten aufweist, die sich bald systematisch im Rahmen einer Stratigrafie untersuchen und zeitliche Abfolgen erkennen ließen. Bald wurde die entscheidende Entdeckung gemacht, die in der Einsicht besteht, dass jede Schicht charakteristische Fossilien enthält, die sich einer geologischen Zeit zuordnen lassen, und die oben erwähnten Trilobiten erweisen sich als Leitfossilien für das Kambrium.

Übrigens – wer sich mit dem Gedanken der Evolution nicht anfreunden kann, sagt oft, dass es sich dabei um eine Theorie handelt, die deshalb nicht wissenschaftlich ist, weil sie sich nicht widerlegen lässt. Das stimmt aber nicht, wie leicht mit Fossilien zu demonstrieren ist. Wenn nämlich jemand Skelette von Kaninchen in kambrischen Schichten finden würde oder zeigen könnte, dass Amphibien in älteren Schichten als Fische auftauchen, dann hätten Darwin und seine Anhänger mit ihrer Theorie der Lebensentwicklung ein Problem. Allerdings ist es noch nicht so weit, und die fossilen Funde fügen sich widerspruchslos und erkenntnisleitend den Zeitfolgen der Erdgeschichte.

Die Fische und die Amphibien tauchen sowohl in diesen Schichten als auch in dieser Reihenfolge rund hundert Millionen Jahre nach den Trilobiten in einer Epoche auf, die nach dem sogenannten Ordovizium kommt, in dem es noch einen riesigen irdischen Ozean gab, der später, als die Kontinente ihre heutige Gestalt annahmen, in indische, atlantische, pazifische und andere Regionen aufgeteilt wurde. Wir können hier

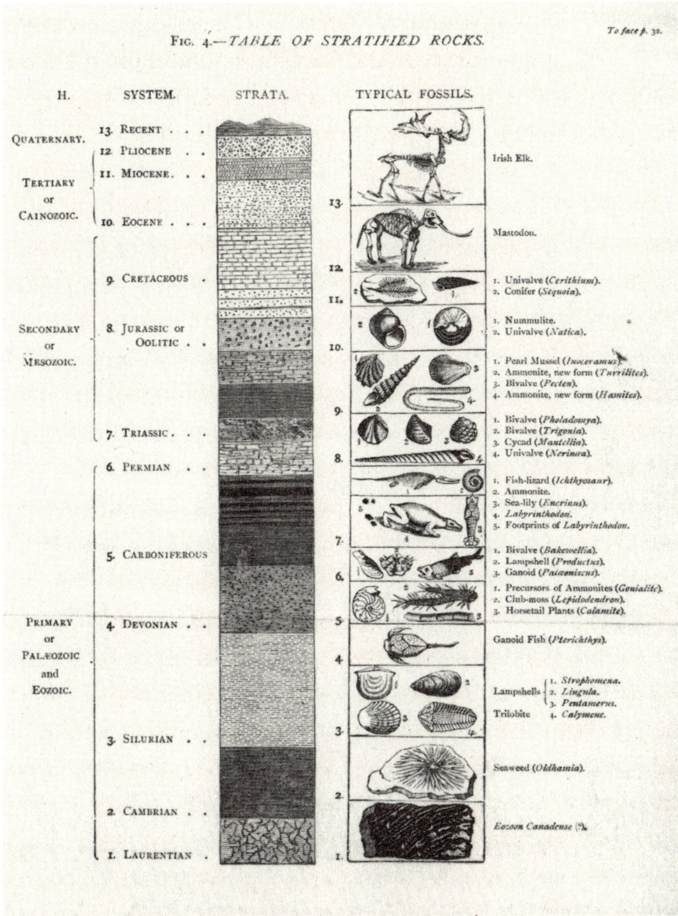

Abb. 3 Geologische Schichten *(Strata)* und dazugehörige Fossilien, wie sie 1887 in einem Buch abgedruckt wurden, das die »Story of Creation« erzählte.

nicht näher auf die Verschiebungen der Kontinentalplatten eingehen, die unserer dynamischen Erde erst vor rund fünfundsechzig Millionen Jahren in etwa das heutige Aussehen gegeben haben, erinnern aber daran, dass zwei Drittel unseres Planeten mit Wasser bedeckt sind (weshalb ja gesagt wird, dass er eigentlich nach diesem nassen Element benannt werden und »Wasser« statt »Erde« heißen sollte).

Die Erde muss man sich im Ordovizium als einen gewaltigen Riesenozean vorstellen, und in dieser Zeit der größten Ausdehnung formt sich vom Ende des Kambriums an in einem Riesenraum über die nächsten hundert Millionen Jahre eine ungeheuer vielfältige Fauna, in der sich neben den Trilobiten auch Korallen, Seeigel, Schwämme, muschelähnliche Brachipoden (Armfüßer) und zahlreiche weiteren Spezies finden. In dieser von Leben durchdrungenen und wimmelnden Meereswelt entwickeln sich vor rund vierhundert Millionen Jahren schließlich die ersten Fische, von denen einige fünfundzwanzig Millionen Jahre später den Landgang riskieren.

Was heißt hier riskieren? Vielleicht war es ja riskanter, im Meer zu bleiben, in dem das Vorhandensein vieler Arten mit vielen Varianten sicher zahlreiche Überlebenskämpfe zur Folge hatte. Wer sich durchsetzen wollte, konnte versuchen, größer und stärker zu werden, sich Schutzpanzer zulegen, Giftstoffe produzieren – oder an Land gehen. Das Verlassen des Meeres und das Aufsuchen des damals noch leeren Festlandes war eine von vielen möglichen Überlebensstrategien, die allerdings zahlreiche neue Anpassungen – etwa von Flossen zu Gliedmaßen – erforderte, bei denen auch geeignete Lungen entstehen mussten und zu deren Bewältigung es zusätzlich darauf ankam, andere Sinnesorgane zu entwickeln, die unter den neuen Bedingungen das notwendige sinnliche Vermögen – das Sehen, Hören und Riechen – bereitstellen konnten.

Massensterben

Zu den berühmtesten Epochen in der Erdgeschichte zählt der Übergang vom Erdmittelalter zur Neuzeit, der sich vor rund fünfundsechzig Millionen Jahren vollzog und bei dem es zu dem berühmtesten Massensterben der Evolution kam, nämlich dem Verschwinden der Dinosaurier. Diese »schrecklichen Echsen« – so die Übersetzung der griechischen Wortstämme des Namens, den die vor allem bei Kindern beliebten Dinos bereits erhalten hatten, als die Welt noch nichts von Darwins Idee gehört hatte –, diese riesigen Lebewesen tauchen vor ungefähr zweihundert Millionen Jahren auf der Erde auf, als es auf unserem Heimatplaneten neben einem Riesenozean auch einen Superkontinent gibt. Die Experten nennen ihn Pangaea (oder Pangäa), was so viel wie »die ganze Erde« heißt. Die Dinosaurier halten sich auf dieser allumfassenden Fläche, bis ihre Heimat vor fünfundsechzig Millionen Jahren auseinanderbricht. Dann verschwinden sie und schaffen Platz für die Säugetiere und die Vögel, die uns heute bekannt sind.

Es bleiben aber noch viele Fragen offen: Wie konnten sich die frühen Dinosaurier durchsetzen und so erfolgreich verbreiten, dass sie den ganzen Superkontinent, das heißt die zusammenhängende Landmasse von mehreren Kontinentalplatten der Erde, eroberten, mit der Folge, dass ihre fossilen Überreste heute in allen Erdteilen – einschließlich der Antarktis – gefunden werden? Wie konnten sie dabei viele hundert Gattungen ausbilden? Was konnte bewirken, dass sie plötzlich vom Erdboden verschwanden beziehungsweise nur in ihrer

Vogelform überlebten? Die Wissenschaft beschäftigt sich intensiv mit all diesen Fragen, und sie verfügt über viele Ansätze, die zum Verständnis der »Evolution der Dinosaurier« beitragen können.

Ihr Verschwinden hat nicht nur Platz gemacht für unsere Vorfahren – und also für uns –, die Dinosaurier liefern uns dank ihrer Popularität auch eine Metapher für etwas, das sich zwar noch stark und stabil gebärdet, aber längst schon zum Aussterben verurteilt ist, weil die nötigen Mechanismen der Anpassung fehlen oder versagen. Wie können wir lernen, nicht als (oder: wie die) Dinosaurier zu enden?

Das Verschwinden der Dinosaurier vor fünfundsechzig Millionen Jahren stellt nur eines von mehreren Ereignissen dar, die von der Wissenschaft als Massensterben beziehungsweise Massenaussterben bezeichnet werden. Die Forschung hat sich auf fünf solcher Ereignisse geeinigt, die zeitlich zugeordnet werden können: Das erste Massensterben fand im späten Ordovizium (vor etwa vierhundertvierzig Millionen Jahren) statt, dem folgten ähnliche katastrophale Einschnitte erst vor etwa dreihundertsechzig, dann vor circa zweihundertfünfzig, danach vor gut zweihundert und zuletzt vor fünfundsechzig Millionen Jahren. Paläontologen sprechen an dem zuletzt genannten Zeitpunkt vom Ende der Kreidezeit, womit sie zunächst allein einen Wendepunkt in der Dynamik unseres Planeten angeben.

Die Folge beziehungsweise Geschichte dieser evolutionären Großereignisse war den Geologen, die Erdschichten analysierten und die in ihnen gefundenen Fossilien zählten und unterschieden, schon bekannt, als Darwin noch mit den ersten Entwürfen seiner *Entstehung der Arten* beschäftigt war. Bereits in den 1840er Jahren unternahm zum Beispiel der englische Naturforscher John Phillips den ersten Versuch, so etwas wie eine

Zeitfolge des Aussterbens darzustellen. Die fünf Einschnitte in der Zahl der nachweisbaren Lebensformen, die er dabei bemerkte, haben als »Phillips-Kurve« alle modernen Entwicklungen und Ergänzungen – zumindest einigermaßen – unbeschadet überstanden.

Fünf Katastrophen also, jedenfalls für die ausgestorbenen Lebensformen, wobei es natürlich auch die Kehrseite der Medaille gibt, nämlich neue Chancen für neue Lebensentwürfe – die Säuger nach den Sauriern zum Beispiel. Wir wüssten nur allzu gerne, was das Aussterben herbeigeführt hat und ob man sich – bei frühzeitigem Erkennen der Lage und unter Ausschluss einer Intervention aus dem Kosmos – dagegen schützen und das Verschwinden der eigenen Art verhindern kann. Es muss einen Handlungsspielraum für Anpassungen geben, denn schließlich braucht selbst eine als plötzlich bezeichnete Auslöschung ihre Zeit, und die Analyse der evolutionären Geschichte zeigt, dass dafür sogar Millionen von Jahren zur Verfügung gestanden haben.

Wissenschaftlich verbürgt ist – wie die drei Autoren Storch, Welsch und Wink in ihrem Buch *Evolutionsbiologie* darlegen – auf jeden Fall Folgendes: »Alle fünf Massenaussterben sind durch große Verluste im freien Wasser und am Boden liegender Meerestiere gekennzeichnet.« Vor rund zweihundertfünfzig Millionen Jahren – am Ende der als Perm bezeichneten geologischen Epoche kurz vor dem Beginn des Erdmittelalters – sind dabei vielleicht sogar neunzig Prozent aller Arten verschwunden. Wie das und was da passiert ist, lässt sich nicht so genau sagen. Aber Klimaschwankungen können durchaus eine Rolle gespielt haben – vor allem Abkühlungen, bei denen es zu Vergletscherungen kommt und sich Eis in den Polarregionen mit der Folge bildet, dass der Meeresspiegel sinkt und Schelfgebiete austrocknen.

Zur Veranschaulichung sei folgendes Beispiel aus der oben genannten Publikation angeführt: »Auf dem Höhepunkt der letzten Eiszeit, vor ca. zwanzigtausend Jahren, lag der Meeresspiegel etwa hundert Meter unter dem heutigen. Wo heute vor Nordost-Australien das Große Barriereriff mit seinen reichen Organismenwelt als das größte Bauwerk [der Erdneuzeit] steht, konnten sich damals australische Ureinwohner trockenen Fußes fortbewegen und Beuteltiere jagen.«

Die Riesenkatastrophe am Ende des Perm wird auf eine (wodurch auch immer ausgelöste) Abkühlung zurückgeführt. In den vorhergehenden Epochen hatte sich die Erdkruste zu dem erwähnten Superkontinent Pangaea zusammengeschlossen, der die zwei damals vereisten Polregionen verband. Der Meeresspiegel war deshalb besonders niedrig und der küstennahe Meeresboden (Schelfe) zeigte sich ausgetrocknet, was über fehlendes Leben in diesen Regionen möglicherweise einen dramatischen Rückgang der Sauerstoffkonzentration in der Atmosphäre nach sich gezogen hat – mit allen weiteren Folgen für das verbleibende Leben.

Immer wieder allgemeines Interesse (und viel Fantasie) ruft das Aussterben der Dinosaurier hervor, für das in vielen Veröffentlichungen der Einschlag eines Meteoriten verantwortlich gemacht wird, und zwar in Form der Impakthypothese (die auch Einschlaghypothese genannt wird). Tatsächlich hat man auf der Halbinsel Yukatan in Mexiko einen Krater mit einem Durchmesser von hundertachtzig Kilometern entdeckt, der vor fünfundsechzig Millionen Jahren entstanden ist. Der dazugehörige Einschlag wird nicht nur Auswirkungen auf das Klima, sondern auch auf das Magnetfeld gehabt haben, das die Erde umhüllt und unseren Planeten vor dem Sonnenwind schützt. All das erklärt manches, was vor fünfundsechzig Millionen Jahren passiert ist, jedoch zum Beispiel nicht die Tatsache, dass die letzten Dinosaurier erst vierzigtausend Jahre nach dem Auftreffen des Asteroiden verschwunden sind. Da müssen noch andere Faktoren gewirkt und Überlebenschancen beeinflusst haben, und die Evolutionsbiologen weisen erneut auf sinkende Temperaturen mit abnehmendem Meeresspiegel hin, erwähnen aber auch das damalige Entstehen von ausgeprägten Jahreszeiten und die damit parallel einhergehende Umformung der Flora. Nicht zuletzt gab es bereits eine clevere Konkurrenz für die Saurier – nämlich die frühen kleinen Säugetiere, die sich zwischen ihren Beinen gütlich tun konnten.

Aus den Säugetieren sind allmählich Primaten geworden, aus denen sich dann die Hominiden entwickelt haben, von denen wir abstammen. Derzeit fürchten wir uns weniger vor einer Abkühlung des Planeten und mehr vor seiner Aufheizung, die wir selbst betreiben. Wir haben, so gesehen, die Evolution in unsere Hände genommen und verursachen eine Situation, mit der die Natur eher weniger – und vielleicht noch nie – konfrontiert worden ist. Die Folge muss aber nicht gleich ein neues Massenaussterben sein.

Fitness – wessen und welche?

Wenn es ein Schlagwort – neben dem vom »Kampf ums Dasein« – gibt, durch das Darwins Idee in der Öffentlichkeit bekannt geworden ist und charakterisiert wird, dann ist es der Ausdruck vom »Überleben des Tüchtigsten«. Diese evolutionär relevante Fähigkeit eines Organismus wird durch dessen Fitness ermittelt, wie das englische Original der Redewendung preisgibt, in dem vom *survival of the fittest* die Rede ist.

Die einprägsame Formel stammt nicht von Darwin, sondern geht auf den philosophierenden Soziologen Herbert Spencer zurück, der wie seine zeitgenössischen Kollegen der Ansicht war, dass menschliche Gesellschaften einem Prozess unterliegen, der dazu führt, dass sich die Stärkeren – gleichzusetzen mit der Schicht der Eigentümer an Produktionsmitteln – durchsetzen und dies auf Kosten der Schwachen tun – synonym für die Klasse der Arbeiter oder Proletarier. Soziologen vertraten solche sozial selektiven Ansichten schon vor dem Erscheinen von Darwins *Entstehung der Arten*. Sein Konzept kam ihnen sehr gelegen, da sie es flugs in einen Sozialdarwinismus umdeuten konnten, mit dem sich die Ausbeutung von (schwachen) Menschen durch (starke) Menschen nicht nur wissenschaftlich erklären, sondern scheinbar – durch den Hinweis auf das Vorgehen der Natur – auch noch rechtfertigen ließ.

Schon früh ist darauf hingewiesen worden, dass in dem Gemurmel vom »Überleben des Tüchtigsten«, so einleuchtend es auch klingen mag, etwas nicht zu stimmen scheint. Wenn man nämlich fragt, wodurch der berühmte Tüchtige charakterisiert werden kann, dann lautet die Antwort: »Dadurch, dass er überlebt.« Die soziologische Kurzfassung der Evolutionsidee erfasst also kaum mehr als eine Tautologie – sie redet vom Überleben der Überlebensfähigen (oder gar vom Überleben der Überlebenden), was kaum von Interesse ist. Deshalb wenden wir uns erneut dem englischen Original zu, das die Fitness als die Eigenschaft nennt, die wichtig ist, wenn das Leben weitergehen soll.

Der Ausdruck Fitness hat heute im Zeitalter der Wellnessangebote einen Bedeutungswandel erfahren. Er ist jedoch für unsere Belange irrelevant, da wir uns mit dem befassen, was ursprünglich mit diesem Begriff gemeint war und in der Evolution zählt: mit der Rate der Reproduktion beziehungsweise mit dem Vermehrungserfolg. Wer fit ist, mag zwar gut trainiert und ausgewogen ernährt sein, wird aber in Darwins Welt zunächst nur nach der Zahl der Nachkommen beurteilt, die er/sie (oder sie mit ihm als Paar) hinterlässt, und die Theorie der Evolution besagt, dass die natürliche Selektion zu einem Anstieg der durchschnittlichen Fitness einer Population führt.

Das heißt – die natürliche Selektion bringt Details oder neue Varianten des Körperbaus, der Sinnesleistungen, der Verhaltensweisen, der Ernährungsgewohnheiten und vieler anderer Eigenschaften hervor, die zu der angepassten Lebensweise eines Organismus gehören, und die Wissenschaft muss in jedem Einzelfall prüfen und deutlich machen, ob und wie daraus eine höhere Lebenstauglichkeit in Form von einer vermehrten Zahl von Nachkommen resultiert, dank derer die ausgewählten Variationen sich ausbreiten (und sich als Anpassung zu erkennen geben). Die gesuchten Veränderungen zeigen sich zunächst bei Individuen – zum Beispiel als Fähigkeit, mit extremer Hitze oder Kälte umgehen zu können –, auch wenn sie nicht immer einfach zu deuten sind. Das Netz einer Spinne etwa kann zum Beutefang oder zum Sammeln von Tau geeignet sein, was unter Bedingungen großer Trockenheit von Vorteil sein dürfte und zu beachten ist.

Früher oder später wird bei solchen Naturbeobachtungen auffallen, dass die natürliche oder eine andere Selektion auch etwas hervorgebracht hat, das scheinbar gerade nicht das verbessert, auf das es der Evolution anzukommen scheint, nämlich die reproduktive Fitness eines Organismus. Ein dramatisches Beispiel stellt die Homosexualität dar, die auf keinen Fall die Reproduktionsfähigkeit einer einzelnen Person verbessert – wobei sich an dieser Feststellung nichts ändert, wenn bürgerlich erzogene Menschen ihre entsprechenden Neigungen verbergen wollen, weshalb sie pflichtgemäß heiraten und Nachwuchs zeugen. Das Verwunderliche an der Homosexualität besteht darin, dass diese Verhaltensneigung – allen bornierten Äußerungen aus sich gerne christlich gebenden Kreisen zum Trotz – eine Eigenschaft ist, die von der Evolution hervorgebracht worden ist. Diese Veranlagung lässt sich nun zum Beispiel durch den Hinweis verstehen, dass Homosexualität die Fitness beziehungsweise die Überlebenschancen einer Gruppe (Population) verbessern kann, und zwar dann, wenn der Nachwuchs (von anderen aus der Gruppe) nicht an der genetischen Leine liegt, sondern mit der Fähigkeit ausgestattet ist, sich individuell anzupassen und zu lernen. Irgendwann im Lauf der Evolution sind dabei die sogenannten »Helfer am Nest« aufgetaucht, die auf eigenen Nachwuchs verzichten, um andere zu erziehen. Sie erhöhen auf diese Weise das, was die Fachwelt inzwischen als Gesamtfitness *(inclusive fitness)* bezeichnet.

Dieses Konzept lenkt den Blick von einem Individuum auf seine Verwandtschaft, und in der Tat kann man nur verstehen, was der evolutionäre Prozess an Lebensformen möglich gemacht hat, wenn man den Blick mehr auf diese Gesamtfitness lenkt und eine dazugehörige Verwandten- oder Sippenselektion *(kin selection)* berücksichtigt. Sie funktioniert wie die oben beschriebene Selektion von Individuen, erfasst aber eine größere Einheit (die Sippe) und erlaubt in diesem Rahmen, dass sich Verhaltensweisen entwickeln, die zwar zur Abschwächung der Fitness eines Individuums führen können, aber nur, weil dabei zugleich die Tauglichkeit (Angepasstheit) der Gruppe, zu der das Individuum gehört, gefördert wird.

Wer beispielsweise das Verhalten von Tieren beobachtet, wird oft erkennen, dass sich die Mitglieder von Gruppen gegenseitig unterstützen. Das trifft für Wolfsrudel ebenso zu wie für Kolonien von Schimpansen, bei denen es zum Beispiel vorkommt, dass zwei männliche Tiere ein kopulierendes Paar stören und das aktive Männchen so ablenken, dass einer der beiden Störenfriede bei dem nach wie vor erregten Weibchen zum Zuge kommen kann. Verhaltensweisen dieser Art fallen unter den Begriff des Altruismus, womit im wissenschaftlichen Rahmen Handlungsweisen gemeint sind, die keineswegs die reproduktive Fitness des agierenden Lebewesens erhöhen, dafür aber die eines anderen. Ein solches altruistisches Verhalten stellte lange Zeit ein Problem für die Evolutionstheorie dar, wird aber inzwischen als Erweiterung der natürlichen Selektion, als *kin selection*, begriffen.

Das Grundkonzept der Sippenselektion lässt sich anschaulich darstellen, wenn man sich zwei Zwillinge vorstellt und der Einfachheit halber annimmt, beide seien mit den gleichen Genen ausgestattet – also vom Standpunkt der natürlichen Selektion aus betrachtet gleichwertig oder äquivalent. Nehmen wir weiter an, einer der beiden Zwillinge – man kann dabei an Affen, Vögel oder andere genügend entwickelte Organismen denken – schenkt dem anderen etwas. Dieses Geschenk (Bananen oder Würmer zum Beispiel) muss natürlich besorgt werden, und wir gehen davon aus, dass der Aufwand des ersten Zwillings dafür so viel Energie kostet wie eine Paarung. Wir nehmen weiter an, dass der beschenkte Zwilling seine Gabe genau zu diesem Zweck einsetzt und es ihm gelingt, schon bald sein Ziel zu erreichen und Nachkommen zu zeugen. In diesem Fall hat der altruistische Akt des Schenkens die Fitness des gemeinsamen genetischen Erbes erhöht. Nun kann man sich kompliziertere Szenarien ausmalen, mit denen die Evolution altruistische Verhaltensweisen der geschilderten Art begünstigt.

Den oben skizzierten Gedanken hat 1964 William D. Hamilton, ein britischer Evolutionsbiologe, in Form einer allgemeinen Theorie vorgestellt. In ihr wird gezeigt, dass die Selektion ganz allgemein altruistisches Verhalten favorisiert und hervorbringt, wenn die Kosten dafür kleiner sind als das Produkt aus dem gleichzeitig möglichen Gewinn und dem Grad der (genetischen) Verwandtschaft.

Hamiltons Theorie der Sippenselektion hat ihre größten Erfolge bei der Erklärung der Lebensweisen von Insekten erzielt, die merkwürdige Sozial- und Vermehrungsformen entwickelt haben. Bekanntlich gibt es bei Bienen die Drohnen, die zwar arbeiten, sich aber nicht selbst fortpflanzen. Ameisen halten sich Sklaven, denen ein ähnliches Schicksal bestimmt ist. Nicht nur in den genannten, sondern in allen bislang untersuchten Fällen hat sich Hamiltons Idee durchgesetzt, die einen Teil der natürlichen Außenwelt – die Kosten für das Verhalten – mit einem Teil der biologischen Innenwelt verbindet – mit der genetischen Ausstattung – und die Selektion aus beiden Richtungen wirken lässt.

Hamiltons Vorschläge sind dadurch sehr populär geworden, dass ihre Innenseite überbetont und die Idee propagiert wurde, es gebe Gene, die sich egoistisch verhalten. Dieser Vorschlag stammt aus den 1970er Jahren und geht auf den britischen Evolutionsbiologen Richard Dawkins zurück, der die Fitness einer Sippe in den Molekülen suchte, die zur Vererbung gehören, nämlich in den Genen. Dawkins legte zu diesem Zweck fest: »Ein Gen ist definiert als jedes beliebige Stück Chromosomenmaterial, welches potentiell so viele Generationen überdauert, dass es als eine Einheit der natürlichen Auslese dienen kann.« Dann drehte er das Denken der Biologen um, indem er die alte Überlegung von Samuel Butler erneuerte, der sich einmal gefragt hatte, ob man nicht auch eine Henne als den Weg betrachten könne, den ein Ei einschlägt, um ein zweites zu werden. Dawkins erklärt Evolution durch eine ähnliche Wende, indem er den Menschen als etwas darstellt, das Gene hervorbringt, um erneut Gene hervorzubringen: »Wir sind Überlebensmaschinen – Roboter, blind programmiert zur Erhaltung der selbstsüchtigen Moleküle, die Gene genannt werden. Dies ist eine Wahrheit, die mich immer noch mit Staunen erfüllt.«

Damit kein Missverständnis aufkommt: Der Autor des vorliegenden Buches hält Dawkins' »Wahrheit« für ziemlichen Unsinn. Allerdings werden sein Buch und das egoistische Gen damit nicht ebenfalls Unsinn. Sie sollen die vertrackte und schwierige Aufgabe lösen, wie eine Gesamtfitness und mit ihr altruistisches Verhalten im Laufe der Evolution entstehen kann, also ein Verhalten, bei dem jemand sich so verhält, »dass er das Wohlergehen eines anderen, gleichartigen Organismus auf Kosten seines Wohlergehens steigert«, wie Dawkins formuliert.

In der Tat – die Fitness macht es uns nicht leicht, wenn sie als eine Gesamteignung verstanden werden muss, bei der inzwischen noch ein direkter und ein indirekter Anteil unterschieden werden. Die direkte Fitness ergibt sich aus der Zahl von Genen, die durch eigene Nachkommen in einer neuen Generation vertreten sind, und indirekte Fitness zählt nach, welchen Beitrag Verwandte dazu liefern. Klar ist, wer durch ein altruistisches Verhalten die Überlebensaussichten eines möglichst nahen Verwandten verbessert, kann auch dann seine Gesamtfitness erhöhen, wenn er bei seinem Tun die eigene (individuelle) Tauglichkeit aufs Spiel setzt. Es muss nur sichergestellt sein, dass der Nutzen des altruistisch Handelnden größer ist, als es die Kosten sind, die er aufbringt.

Die Gene und ihre Dynamik

Eine der Kurzformeln für das evolutionäre Geschehen, die häufig zu lesen ist, besteht in seiner Festlegung als Wechselspiel aus Selektion und Mutation. Der Begriff der Mutation – abgeleitet vom lateinischen Wort für Veränderung – erfasst dabei Variationen auf der Ebene der Gene, von denen Darwin nichts wissen konnte. Die Wissenschaft der Genetik – die Vererbungslehre – ist erst nach 1900 etabliert worden, wobei dieser Hinweis deshalb wichtig ist, weil ausnahmslos alles, was die Erkundung der Erbmoleküle und ihrer Dynamik ergeben und neue Erkenntnisse in die Mechanismen des Lebendigen gebracht hat, nicht nur mit Darwins Grundgedanken übereinstimmt, sondern ihn sogar stärkt und präzisiert. Mit der modernen Molekularbiologie erlebt das evolutionäre Denken im Sinne Darwins seine eigentliche Blüte, und die sich ständig stellende Aufgabe, die »Entstehung der Arten« zu verstehen, kann wahrscheinlich am ehesten auf genetischer Grundlage einer Lösung zugeführt werden. Zu Darwins Grundeinsichten gehört – wie geschildert – die Beobachtung, dass es erbliche Variationen gibt, und Evolution kann nur funktionieren, wenn die einmal selektierten (ausgewählten) und überlebensfähig machenden Eigenschaften beibehalten, also von entsprechend ausgestatteten Organismen an die nächste Generation weitergegeben, also vererbt werden können, und zwar mittels der Erbanlagen, die wir als Gene kennen. Die Molekularbiologie unserer Tage kann inzwischen immer besser erklären, was dabei in den Zellen vorgeht.

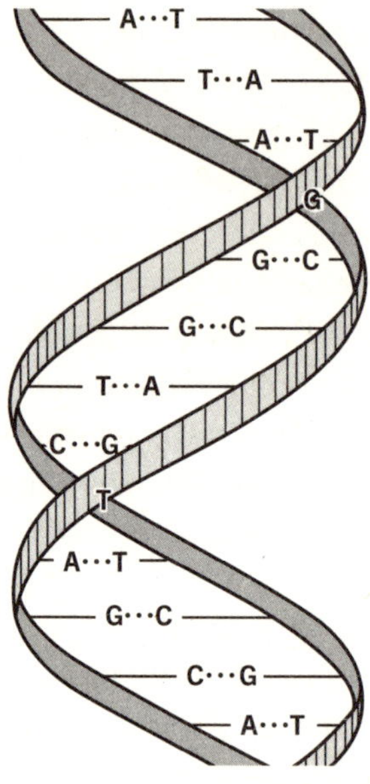

Abb. 4 Die Doppelhelix aus DNA enthält die genetische Information als Reihenfolge der Basenpaare im Zentrum der Struktur. Wenn eine normal vorliegende Sequenz, etwa TCGT, eine Veränderung erfährt – etwa nach TAGC –, spricht man von einer Mutation.

Die Einsicht, dass Darwins Idee durch die biologischen Wissenschaften des 20. Jahrhunderts – unter anderem durch Zellforschung und Genetik – eine neue und solidere Grundlage bekommen hat, wurde zum ersten Mal 1942 im Rahmen einer Synthetischen Evolutionstheorie formuliert, an der Mediziner, Zoologen, Ornithologen, Genetiker, Biochemiker und andere Spezialisten beteiligt waren. Diese ersten Schritte einer Anpassung von Darwins Konzept durch die Erkenntnisse der modernen Wissenschaft werden hier nur in aller Kürze erwähnt, um zum Jahr 1953 zu gelangen, in dem die berühmte Doppelhelix aus dem Erbmaterial DNA (Desoxyribonukleinsäure) vorgestellt und damit der Stoff bekannt wurde, aus dem die Gene sind.

Diese Struktur erwies sich als etwas, über das alle Lebewesen verfügen, und es wurde bald klar, dass derjenige, der die

Evolution des Lebens verstehen will, damit beginnen sollte, die Evolution der DNA – die Variationen der Gene – zu untersuchen und zu quantifizieren. Tatsächlich besteht ein großer Teil der modernen Evolutionsforschung darin, die Reihenfolge (Sequenz) von genetischen Bausteinen in den Zellen der Organismen zu ermitteln und zu vergleichen, wie sie im Erbmaterial des jeweils untersuchten Lebewesens vorliegen, und wenn in diesen Sequenzen Abweichungen oder Veränderungen festgestellt werden, spricht man von Mutationen des genetischen Materials beziehungsweise der DNA, deren Auswirkungen auf die Eigenschaften seines Trägers im evolutionären Kontext zu verstehen sind.

In den Anfangsjahren der Molekularbiologie wurde nicht genau unterschieden zwischen der DNA und den Genen. Gene bestehen aus DNA, und ein Stück DNA funktioniert als Gen. Das heißt, die DNA enthält in der Reihenfolge ihrer Bausteine Informationen, die eine Zelle nutzen kann, um damit andere – und zwar riesige – Moleküle herzustellen (zu synthetisieren), die ihrerseits die biochemische Grundlage für das Leben in den Zellen liefern. Man kann allgemein von Genprodukten sprechen, die nach den genetischen Instruktionen (den Informationen in den Genen) gefertigt werden, wobei wir uns hier auf die wichtigste Klasse von Produkten konzentrieren wollen, die als Proteine bekannt sind. Diesen Begriff kennt die Wissenschaft schon seit den Tagen, als Darwin von seiner Weltreise zurückkehrte. Er leitet sich von dem lateinischen Wort *protos* ab, womit angedeutet wird, dass es sich um etwas handelt, das »die erste Stelle« einnimmt – im Leben einer Zelle jedenfalls.

Das taten die Proteine auch – jedenfalls in der Forschung –, bis die DNA entdeckt und die Riesenmoleküle als Produkte erkannt wurden, die nach den Anleitungen der Erbsubstanz gefertigt werden. Diese Synthese gelingt im Prinzip höchst einfach, da die Proteine und die DNA eine grundlegend wichtige gemeinsame Eigenschaft aufweisen – sie sind kettenförmig aufgebaut. Unterschiedlich sind nur die jeweiligen Glieder – bei der DNA handelt es sich um chemische Basen und bei den Proteinen um Aminosäuren. Wichtig für unsere Zwecke ist dabei nur die Tatsache, dass die Lebewesen – ihre Zellen – einen Weg gefunden haben, die Reihenfolge der DNA-Bausteine (die Gensequenz) in die der Proteinglieder zu übertragen, und dass dieser konstruktive Schritt durch den genetischen Code reguliert wird. Man sagt daher auch, dass Gene Proteine kodieren.

Für die Evolution heißt das: Wenn in der DNA eine Mutation vorliegt, kann sich dies in einem Protein – und damit im Funktionieren der Zellen – auswirken. Ein erstes Beispiel dafür wurde bereits 1957 entdeckt, als Biochemiker das Molekül unter ihre Lupe nahmen, das in den Blutzellen zirkuliert und Sauerstoff transportiert. Es heißt Hämoglobin und liegt (grob gesagt) in zwei Varianten vor, die als A und S bezeichnet werden und sich durch eine Mutation in einem DNA-Baustein unterscheiden. Das A steht für den Normalfall, und das S kürzt das Wort »Sichel« ab, weil die Mutation dazu führt, dass die Blutzellen mit dem veränderten Hämoglobin sichel- statt kugelförmig werden. Diese Form macht zwar das Leben auf den ersten Blick schwerer – runde Zellen fließen leichter durch die sich verzweigenden und enger werdenden Blutgefäße –, sie kann aber vor Krankheiten wie Malaria schützen und ist deshalb als Anpassung an eine Umwelt aufgetaucht (selektiert worden), in der die Gefahr der Übertragung einer lebensgefährlichen Infektion besteht.

So wichtig die Proteine auch sind – die Evolution setzt sich primär in den Genen fest und operiert von ihnen aus. Des-

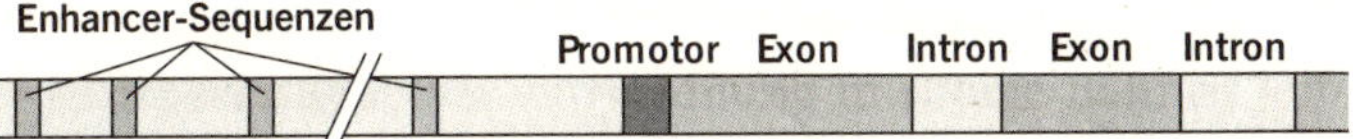

Abb. 5 Gene von höheren Organismen bestehen nicht aus einem Stück, sondern aus einzelnen Stücken, deren Informationen (Sequenzen) direkt genutzt und in ein Produkt umgesetzt werden. Sie heißen Exons und werden unterbrochen von Introns, die andere (regulierende) Aufgaben übernehmen. Zu einem Gen gehören noch weitere Abschnitte auf der DNA, die seine Aktivität steuern (Promoter) oder verstärken (Enhancer).

halb ist es wichtig, sich mit diesen Molekülen eingehender zu befassen. Gene bestehen bekanntlich aus DNA und legen die Reihenfolge der Bausteine von Proteinen fest, was, wie bereits erwähnt, in der Wissenschaft mit der Kurzformel »Gene kodieren Proteine« ausgedrückt wird. Diese Verknüpfung muss allerdings verfeinert werden, da viele Proteine – zum Beispiel auch das Hämoglobin – nicht aus einem Stück bestehen, sondern aus Einzelteilen zusammengesetzt werden, von denen jede sein Genprodukt darstellt. Diese Untereinheiten des Hämoglobins bezeichnet man als Globine, die der Forschung bei näherer Untersuchung eine weitere Überraschung brachten. Es stellte sich nämlich heraus, dass das Gen für das Protein, das Globin heißt, nicht aus einem Stück DNA besteht, sondern aus vielen Stücken, die zwar im Erbmaterial der Zelle nebeneinanderliegen, aber von zahlreichen Zwischenbereichen unterbrochen werden. Gene liegen also als eine Art Mosaik in den Zellen vor, und so nennt man sie gelegentlich auch.

Als die mosaikartige Struktur des genetischen Materials vor einigen Jahrzehnten entdeckt wurde, kam gleich die Vermutung auf, dass dies einen evolutionären Vorteil bringen kann. Schließlich besteht die Möglichkeit, die Stücke, deren Information ihren Weg in ein Protein findet, immer wieder zu kombinieren, um auf diese Weise neue Produkte zu erzeugen, die sich dann unter neuen Bedingungen bewähren können (oder auch nicht). Tatsächlich verfügen Zellen über Mechanismen, Genstücke ständig anders zu gruppieren, und diese Arrangements zeigen alle Eigenschaften einer adaptiven Evolution. Das berühmteste Beispiel findet sich bei Proteinen, die zu unserem Immunsystem gehören und deren Aufgabe darin besteht, von außen in den Körper eindringende Fremdstoffe (sogenannte Antigene) abzufangen und unschädlich zu machen. Diese Proteine der Körperabwehr werden Antikörper genannt.

Es gehörte zu den alten Rätseln der Biologie, wie unser Organismus mit seiner zwar großen, aber letztlich beschränkten Zahl von Genen eine unübersehbare Menge an Fremdsubstanzen bewältigen konnte. Die Lösung zeigte sich, als die Mosaikstruktur der Gene bekannt wurde, mit deren Hilfe die Antikörper hergestellt werden. Sie verfügen über drei getrennte Sequenzbereiche, die zum einen, wie oben beschrieben, aus Stücken zusammengesetzt sind, die darüber hinaus aber erst im Rahmen einer Immunantwort so verfugt werden, dass dabei ein funktionsfähiges Gesamtgen entsteht. Mit dieser Rekombination wächst nicht nur die Zahl der möglichen Gene, die ein Organismus im Lauf seines Lebens hervorbringen kann. Vielmehr öffnen sich auch der Evolution viele Wege, um neue Gene – nicht nur durch Mutationen – entstehen zu lassen.

Die Analysen der Biochemiker und Genetiker haben gezeigt, dass die Natur dabei die Genstücke durchmischen kann und in der Lage ist, einzelne Bereiche, die kodieren, zu verdoppeln (und das sogar mehrfach) und die Stücke in ganzen Genfamilien anzuordnen, und zwar so, dass sie anschließend koordiniert Aufgaben erledigen – wie die Gene für die genannten Globine etwa gezeigt haben. Darüber hinaus kennt die genetische Natur noch andere Tricks, die alle zusammen darauf hindeuten, dass die genetischen Grundlagen der Zelle und damit der Evolution auf keinen Fall einen starren Text bieten, nach dem stur vorzugehen ist. Das Erbgut ist vielmehr ein ungeheuer dynamisches Gebilde, das sich selbst immer wieder neue Formen geben und auf diese Weise das Leben anpassen kann, das es mit sich führt.

Vielleicht sollte man die berühmte Einheit der Vererbung, die auf den Namen Gen hört, in Einklang mit der Evolution definieren. Ein Gen könnte dann als die Information verstanden werden, mit der die Evolution umgeht, um das Leben hervorzubringen und anpassungsfähig zu halten. Gene müssen sowohl etwas Festes sein, das einem individuellen Träger mithilfe seiner Produkte die nötigen Eigenschaften verleiht, als auch etwas Bewegliches, das so eingerichtet werden kann, dass es auf die jeweiligen Umstände passt. Gene stellen – musikalisch gesprochen – ein Thema und seine Variationen dar. Dabei wird die Sinfonie des Lebens gespielt, die es natürlich selbst komponiert hat.

Evo-Devo

Evo-Devo ist die Abkürzung für eine aus den USA kommende Wissenschaft, die in vollem Wortlaut »Evolutionary Developmental Biology« (Evolutionäre Entwicklungsbiologie) heißt. Sie versucht, die Vorgänge, die bei der Entwicklung *(development)* eines Organismus eine Rolle spielen – von einer Eizelle über einen Embryo zur erwachsenen Form –, auf die Gene zurückzuführen oder mit ihnen in Zusammenhang zu bringen. Man kann, poetisch ausgedrückt, sagen, dass die Evolution die Gene hervorbringt, die ihrerseits die Organismen (ihre Gestaltung) hervorbringen, und dass Evo-Devo herausfinden will, was beide Prozesse miteinander zu tun haben.

Natürlich haben sich die Biologen immer schon für das Wechselspiel von Ontogenese und Phylogenese interessiert – das heißt verstehen wollen, wie sich die Entwicklung eines einzelnen Organismus und die evolutionäre Geschichte der Art, zu der das Individuum gehört, gegenseitig bedingen beziehungsweise ermöglichen. Konkrete Ergebnisse konnten aber erst mit den neuen Methoden der letzten Jahrzehnte erzielt werden.

Zur Erinnerung: Im Zeitalter von Biochemie und Genetik bedeutet »verstehen«, die Moleküle (Proteine und Gene) zu kennen, die dafür sorgen, dass Zellen sich teilen und spezialisieren und zu größeren Gebilden gruppieren, die dann Gestalt annehmen – als Gewebe und Organe. Bei der Suche nach den konkreten Faktoren hat man vor allem – nunmehr seit über hundert Jahren – mit der Fliege *Drosophila melanogaster* experimentiert, die den Entwicklungsbiologen inzwischen erlaubt, ein tiefes Geheimnis der Embryonalentwicklung zu lüften.

Dies gelang im Rahmen von Forschungen, die sich um Exemplare von *Drosophila* kümmerten, deren Körpersegmente nicht richtig ausgebildet waren. Zugute kam den Wissenschaftlern dabei die Tatsache, dass ein Fliegenembryo in Abschnitte (Segmente) eingeteilt werden kann, die sich abzählen und sich in der erwachsenen Fliege wiederfinden lassen. Die Gene, die den Bau dieser Körpersegmente einleiten, werden heute »homeotische Gene« genannt. Diese Bezeichnung leitet sich von dem griechischen Wort für »Ähnlichkeit« ab, das der britische Biologe William Bateson bereits im 19. Jahrhundert benutzt hat, nachdem er merkwürdige Monster in der Natur entdeckte. Bateson sichtete Insekten, bei denen dort ein Bein saß, wo normalerweise ein Flügel hätte sein sollen, oder er fand einen Krebs, bei dem ein Auge zu einer Antenne geworden war. Die an ungewohnter Stelle angebrachten Körperteile entsprachen zwar nicht ganz genau einem Bein oder einer Antenne, aber sie waren diesen Strukturen sehr ähnlich. Diesen Vorgang, bei dem ein Körperelement so verändert wurde, dass es Ähnlichkeit mit einem anderen bekam, nannte Bateson eine homeotische Umwandlung, und er fragte sich natürlich, welche – von außen unsichtbare – Ordnung aus dem Innenleben der Natur sich dazu erkennen gibt.

Die beiden bekanntesten und anschaulichsten homeotischen Varianten der Fliege *Drosophila* heißen *Antennapedia* – aus dem Kopf ragt ein Bein statt einer Antenne – und *Bithorax* – hier wachsen aus dem Bruststück (Thorax) des Insekts nicht ein, sondern zwei Flügelpaare. Das zweite Paar nimmt dabei den Platz ein, der sonst für sogenannte Schwingkölbchen reserviert ist, die *Drosophila* zur Stabilisierung ihrer Flugbahn benötigt.

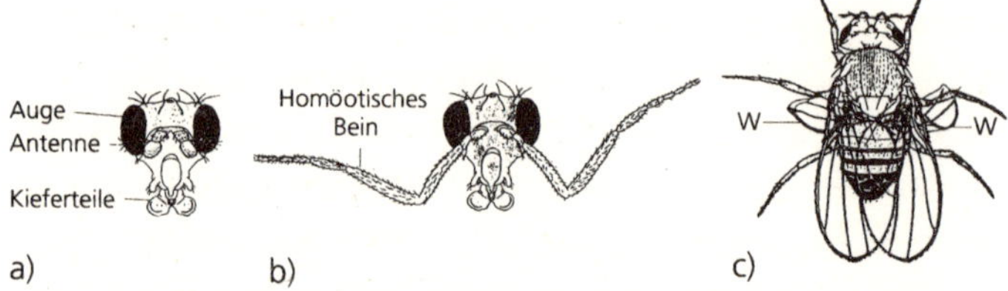

Abb. 6 Das normale Köpfchen der Fliege (a) Drosophila lässt Augen, Antennen und Kieferteile erkennen. In der als Antennapedia bezeichneten Mutante (b) wachsen dort Beine, wo normalerweise die Antennen Platz finden. Berühmt ist auch die Bithorax-Mutante (c), bei der die üblichen Schwingkölbchen durch verkrüppelte Flügel (W) ersetzt sind. Auch dies ist eine homeotische Mutante.

Homeotische Gene geben also den Körpersegmenten die Gelegenheit, sich zu dem zu entwickeln, was sie in einem lebenstüchtigen Tier sein müssen. Was muss geschehen, um das zu bewerkstelligen? Um dies zu ergründen, wurde das *Antennapedia*-Gen erst isoliert und dann analysiert. Seine Anatomie zeigt, wie erwartet, ein Mosaik aus Genstücken, von denen einige ihre Information beim Bau des dazugehörigen Proteins umsetzen und andere stumm bleiben. Die erstgenannten Sequenzen nennt man Exons – ihre Information wird exprimiert (ausgedrückt) –, und die verbleibenden heißen Introns, da die Information ihrer DNA-Sequenz nicht in eine Proteinstruktur eingeht und zwischen den kodierten Sequenzen (Exons) liegt.

Die zerstückelte Anlage von Genen gibt den Molekularbiologen nach wir vor eine Menge Rätsel auf, die wir jedoch außer Acht lassen, um die Aufmerksamkeit auf das Besondere zu lenken, das in der Struktur homeotischer Gene gefunden wurde. Hier gibt es ein kleines Stück aus 180 Bausteinen (Basenpaaren), das allen gemeinsam ist, Homeobox heißt und für eine Sensation sorgt. Der entsprechende Genbereich findet sich nämlich nicht nur in Fliegen, sondern auch in Würmern, Fröschen, Mäusen und sogar im Menschen. Das Überraschende dabei ist nicht nur, dass nun in der Entwicklung von Wirbeltieren und Wirbellosen ein gemeinsames Prinzip des Werdens erkennbar ist, sondern vor allem die Feststellung, dass homeotische Gene auch dort funktionieren, wo sich – zumindest auf den ersten Blick – keine Körpersegmente erkennen lassen. Mit anderen Worten – die Verschiedenheit (Diversität) der Körperanlagen und ihre Gestaltvielfalt geht nicht auf eine analoge Vielfalt der Genorganisation zurück. Sie beruht im Gegenteil auf einem einheitlichen genetischen Grundbauplan, was die Forscher sowohl freut als auch lockt.

Beim genaueren Hinschauen stellt man natürlich fest, dass sich im Menschenkörper sehr wohl Segmente erkennen lassen, und zwar die Rippen, von denen wir zwölf auf jeder Seite haben. Dies trifft – trotz anders lautender Hinweise aus der Bibel – sowohl bei Männern als auch bei Frauen zu, die sich ebenfalls nicht in der Zahl der häufigen Fehlbildungen unterscheiden, die sich an dieser Stelle zeigen. Etwa einer von zehn Erwachsenen hat nämlich eine andere Rippenzahl, als die Anatomiebücher vorschreiben, und das Muster, das zu ihrer Bildung führt, wird dadurch gestört, wie man heute weiß, dass eines der homeotischen Gene des Menschen nicht funktioniert. Insgesamt zeigt sich, dass die Identität der menschlichen Wirbel *(Vertebrae)* in ähnlicher (wenn auch merklich komplizierterer) Weise zustande kommt wie die der Körpersegmente in den Fliegen. Die homeotischen Gene fangen in den Embryonen früh mit ihrer Arbeit an, wie biochemische Analysen ergeben haben. Die Wirbel werden aus Gewebeteilen gebildet, in denen sich andere Untereinheiten (Somiten) erkennen lassen, in denen erneut jeweils ein spezifisches homeotisches Gen aktiv wird.

Seine besondere Bedeutung bekommt der molekulare Einblick in dieses evolutionär angelegte Bauprinzip des Lebens durch die Homeobox. Sie kodiert für ein ausgewähltes Stück des Proteins, mit dessen Hilfe die homeotischen Gene zur Tat schreiten und die Körpersegmente identifizieren, in denen die geeigneten Organe anzulegen sind. Da Proteinstücke mit einer erkennbaren Herkunft von den Wissenschaftlern allgemein als Domäne bezeichnet werden, lautet die nächste Frage der Forscher, welche Aufgabe die Homeodomäne zum Beispiel des Proteins übernimmt, das von dem *Antennapedia*-Gen abstammt. Die Antwort darauf ist deshalb wichtig, weil die zahlreichen genetischen Analysen, die nach den ersten Hinweisen auf einen universellen Mechanismus viele homeotische Gene im Detail bekanntmachten, die Einsicht mit sich brachten, dass Homeobox und Homeodomäne schon früh in der Geschichte des Lebens auf den Plan getreten sind und eine lange evolutionäre Entwicklung hinter sich haben. Die 180 Bausteine der Homeobox stellen offenbar so etwas wie einen Zauberkasten der Evolution dar, mit dem es ihr gelingt, einen genetischen Bauplan zu verwirklichen und Lebewesen entstehen zu lassen.

So wunderbar das alles klingt, der Spannungsbogen bricht an dieser Stelle etwas ein, denn nachdem die Molekularbiologen vielen homeotischen Genen auf die Schliche gekommen sind, stellt sich heraus, dass diese – in Nahaufnahme betrachtet – nicht besonders originell agieren. Sie sind wie andere Gene auch und liefern die Information für Proteine, die dann ihrerseits in der Lage sind, Einfluss auf die Art und Weise zu nehmen, mit der andere Gene genutzt werden. Anders ausgedrückt: Produkte von homeotischen Genen dienen als molekulare Schalter und aktivieren oder deaktivieren andere Gene.

Dies gilt für alle homeotischen Gene. Dieser Übereinstimmung gesellt sich eine zweite hinzu, nämlich die Tatsache, dass sie alle als Block auftreten, was in der Fachsprache Cluster genannt wird. Die Gene liegen aufgereiht auf einem Chromosom, und es gibt sogar eine Übereinstimmung zwischen der Ordnung, die sie im erwachsenen Organismus bewirken, und jener, in der sie im genetischen Material zu finden sind. Bei Fliegen etwa kommen erst die für den Kopf zuständigen Gene, auf die jene für den Thorax folgen, denen sich die Gene für das Körperende anschließen. Beim Menschen sind die vier Cluster zwar auf vier Chromosomen verteilt, aber auf jedem dieser zellulären Genträger ist die Ordnung beibehalten, die uns die Fliegen vorgemacht haben – auch wenn alles etwas raffinierter und verwobener angelegt ist.

Noch stärker als mit den homeotischen Genen der Fliege stimmen unsere entsprechenden Gene mit denen des Rundwurms *C. elegans* überein, mit dem wir auch noch in anderer Hinsicht vergleichbar sind. Es gibt zum Beispiel Gene, die beim Menschen auf noch unbekannte Weise an der Entstehung der Alzheimerkrankheit beteiligt sind und die in fast gleicher Form auch im Wurm gefunden wurden, bei dem sie dazu dienen, das Legen von Eiern zu steuern. Nun konnte gezeigt werden, dass die menschlichen Gene, wenn man sie in den Wurm überträgt, dort genau diese Aufgabe erfüllen. Da drängen sich einem zwangsläufig die Worte auf, die Friedrich Nietzsche den Propheten Zarathustra sagen lässt: »Ihr habt den Weg vom Wurme zum Menschen gemacht, und vieles ist in euch noch Wurm.« Vieles ja, aber nicht alles, wie aus heutiger Sicht hinzuzufügen wäre.

Die homeotischen Gene und ihre Wirkungen sind den Biologen seit den 1980er Jahren bekannt. Sie kennen also seitdem mindestens einige, aber wahrscheinlich noch nicht alle genetischen Bausteine und Mechanismen, die über die Artgrenzen hinaus wirken und von der Evolution seit Millionen von Jahren mit Erfolg zur Gestaltung von Leben eingesetzt werden. Was sie noch nicht gefunden haben, ist ein besonderes Konzept, um die homeotischen Gene und ihr Voranbringen der Entwicklung zu erfassen. Das Problem besteht darin, dass die Entstehung einer Form nicht allein kausal – durch die Gene als Kausalfaktoren – erfasst werden kann. Diesen Mangel haben die Forscher natürlich bemerkt und sich angewöhnt, stattdessen von genetischen Programmen zu sprechen, die bei der Entwicklung ablaufen sollen. Das klingt zwar clever, doch mit dieser Maschinen-Metapher kommt man nicht weit. Ein anderes Konzept scheint angemessener zu sein, wenn man beschreiben will, wie Organismen sich selbst hervorbringen: die menschliche Fähigkeit zur kreativen Hervorbringung von Formen. Damit ist gemeint, dass ein Genom über Kreativität verfügt, wobei diese Fähigkeit verstanden wird als ein interaktiver Prozess auf der Ebene der Gene und Proteine, bei der das Vorhandene erst registriert und dann auf das Erkundete reagiert wird, um zuletzt nach evolutionären Vorgaben weiter auf ihm aufzubauen.

Versuchen wir also im Folgenden, das Wachsen eines Embryos und die Entstehung seiner Formen durch einen Schöpfungsvorgang zu verstehen, wobei nur die Kreativität eines Künstlers infrage kommen kann. Vielleicht entstehen wir (und andere Lebensformen) dank den Genen so wie die Werke eines Malers. Sie beginnen mit einer Vorstellung im Kopf des Künstlers, und ihre Realisierung hängt von den Ergebnissen ab, die im Lauf der Bildentstehung auf der Leinwand sichtbar werden. Was die Embryonalentwicklung betrifft, so fängt der Prozess mit genetischen Vorgaben im Kern der Zelle an, und seine Fortführung hängt von den Bildungen ab, die im Lauf der Zeit entstehen, dabei von der Umwelt registriert werden und auf das sich bildende und gebildete Leben zurückwirken.

Wichtig ist dabei ein zentraler Punkt, der sich wie folgt formulieren lässt: Wer die Entstehung eines Bildes beschreibt und dabei den Schaffenden vom Geschaffenen trennt, verliert das Wesentliche, worum es geht, aus den Augen. Und genau dies gilt für die biologische Entwicklung. Bei ihrer Beschreibung sollte man nicht versuchen, das Bildende von dem Gebildeten zu trennen, weil die Gene und ihre Produkte in kontinuierlicher Wechselwirkung stehen. Gene agieren kreativ. Die Gesamtheit der Gene – also das Genom – verfügt über Kreativität.

Es ist zweifellos riskant, den Begriff der Kreativität in die Biologie einzuführen, aber es gibt gute Gründe, dies zu tun. Sie stecken vor allem in den Formen, die Gene wirksam hervorbringen, denn sie gefallen uns und lassen uns von ihrer Schönheit sprechen – der Schönheit der Natur nämlich. Wenn Organismen sich selbst genetisch hervorbringen, entstehen keineswegs organische Reaktionsbehälter voller Proteine, die einfach vor sich hin funktionieren, sondern lebendige Formen, die uns gefallen und locken – und sei es nur, um durch diese Fitness die Evolution voranzubringen.

Natürlich zögert man zunächst bei dem Gedanken, die Tätigkeit eines Künstlers mit dem Treiben der Gene zu vergleichen, und die äußerst knappen Ausführungen an dieser Stelle können bestenfalls die Richtung andeuten, in die man gehen muss, um den Zusammenhang ernsthaft herzustellen. Doch mit dem Konzept des Malstils kann deutlich gemacht werden, dass der kreative Künstler zum Beispiel nicht über jede Freiheit verfügt und ähnlich gebunden bleibt wie die Gene. Leonardo da Vinci war sicher ein kreativer Mensch, aber er hatte seinen eigenen Stil, von dem er sich nicht ohne weiteres trennen konnte. Bei seiner Arbeit an der Staffelei ist immer ein »da Vinci« und nie ein »Raffael« oder gar ein »Picasso« entstanden. Dem Malstil entsprechen im organischen Leben die homeotische Genorganisation und die Muster der Proteine, die sie entstehen lassen. Deren koordinierte Aktivität kann dann dafür sorgen, dass aus einem Fliegenei immer nur eine Fliege und nie eine Maus hervorgehen kann. Der Mensch ist also wirklich – wie alle anderen Lebewesen auch – eine Schöpfung. Er ist aber nicht eine Schöpfung von außen (zum Beispiel von Gott), sondern eine Schöpfung von innen.

UNTERSCHEIDUNGEN

Darwinismus und Lamarckismus

Die Evolutionsbiologen unserer Tage tummeln sich vorwiegend auf der genetischen Ebene, und bei dieser Orientierung bleiben grundlegende Fragen oft unberücksichtigt, auch wenn sie zu dem Verständnis von Evolution gehören. Darum werden im Folgenden einige dieser Fragen unter die Lupe genommen.

Zu den historischen Grundbeständen der Biologie gehört die Tatsache, dass die Idee von der Variabilität und den Entstehungsmöglichkeiten der Arten schon Jahrzehnte vor Darwin von dem Franzosen Jean Baptiste Lamarck (1744–1829) vorgebracht wurde. Ihm gebührt das kaum zu überschätzende Verdienst, die Bedeutung der sinnlich wahrnehmbaren Varianten bei den Lebensformen erkannt und dabei mutig und entschlossen ein durch antike Philosophen errichtetes Denkhindernis beiseitegeräumt zu haben. Für Platon zählten beispielsweise weniger individuelle Organismen wie Pferde, Fische und Rosen als vielmehr die dazugehörigen Ideen des Pferdes oder des Fisches oder der Rose, und diese Wesenheiten (Essenzen) blieben so konstant und unwandelbar, wie sich später die Christen die Arten vorstellten, die Gott, der Herr, geschaffen hatte und in denen sich seine Ideen zeigten – höchst perfekt und natürlich für alle Ewigkeit.

Platon und der als Christentum bekannte Platonismus glaubten also nicht an ein natürliches Werden und Ändern des Lebens, aber Lamarck wagte es, sich dem entgegenzustellen. Er konnte dies um 1800 riskieren, weil er der überwältigenden Evidenz der Fossilien traute, die Geologen in vielen Jahrhunderten zuvor gesammelt und in langen Entwicklungsreihen angeordnet hatten. Dabei war zu erkennen, wie zahlreiche Arten sich mit den äußeren Bedingungen (dem jeweiligen Zustand der Erde) gewandelt – das heißt, sich einer immer wieder neuen Umgebung angepasst – hatten, und Lamarck entwickelte die sogenannte Transformationstheorie. In ihr findet man den grundlegenden Gedanken, dass die »fast unfassbare Mannigfaltigkeit der einwirkenden Einflüsse die Lebewesen aller Ordnungen sukzessive gebildet« hat. Dies trifft das Konzept der Evolution beziehungsweise erfasst die Einsicht in den entsprechenden Prozess, den Darwin später auf die natürliche Selektion zurückführt, die in seinem Verständnis auf mehr oder weniger zufällig (kontingent) zustande gekommene Variationen einwirkt und unter ihnen auswählt.

Lamarck verwendete dieses Arsenal an Begriffen nicht; er vermutete vielmehr, dass die Entwicklung der Formenvielfalt gerichtet (determiniert) erfolgt; ihm schien, dass veränderte Umweltbedingungen die jeweils davon betroffenen Lebewesen zu einer Änderung ihrer Gewohnheiten nötigen, »die einen neuartigen Gebrauch von Organen beinhaltet. Dieser neuartige Gebrauch führt aber zu Modifikationen der betroffenen Organe, Modifikationen, die auf die Nachkommen vererbt werden«.

Diese Worte bringen die heute als Lamarckismus eher verpönte und als veraltet geltende Vorstellung zum Ausdruck, dass es eine Vererbung von Eigenschaften gibt, die ein Organismus im Laufe seines Lebens erworben hat: Eine Giraffe, die ihren Hals streckt, oder ein Mensch, der seine Intelligenz steigert – sie beide können das Antrainierte an ihre Kinder weitergeben, wie ein Lamarckist meint, und wir lächeln bestenfalls noch, wenn wir so etwas hören. Ein Darwinist setzt stattdessen auf den richtungslosen Zufall, der im genetischen Material auftreten und Organismen mit Variationen hervorbringen kann, die sich anschließend in dem berühmten Kampf ums Dasein mehr oder weniger erfolgreich behaupten, was konkret bedeutet, dass sie mehr oder weniger Nachkommen als ihre Konkurrenten hinterlassen beziehungsweise in die nächste Runde der Existenzbewältigung schicken.

Den Unterschied zwischen darwinistischen Ansichten und lamarckistischen Vorstellungen macht der Zufall aus. Darwin setzt ihn an den Anfang des ganzen Prozesses und macht fast alles andere von ihm abhängig (was zu der wenig erbaulichen Vorstellung führt, dass wir Menschen rein zufällig auf der Erde herumlaufen und uns eigentlich niemand hier haben will). Lamarck hingegen möchte im Naturgeschehen eine Tendenz ausmachen, mit der sich verstehen lässt, wieso dabei immer komplexere Lebensformen und zuletzt Exemplare wie die Menschen hervorgebracht werden konnten – also das, was man früher als Höherentwicklung des Organischen bezeichnet hat. Kann die eindeutig dominierende Richtung des evolutionären Prozesses, an der auch gelegentliche Rückbildungen nichts ändern, tatsächlich durch den reinen Zufall erklärt werden – und zwar mehr oder weniger allein, ohne dass ihm irgendeine andere Komponente zu Hilfe kommt?

Darwinisten bestehen auf dieser Haltung. Und sie können von Experimenten erzählen, die eine solche Ansicht so konsequent beweisen, wie es außerhalb der Mathematik nur möglich ist. Diese Versuche handeln unter anderem von Bakterien, die durch Viren angegriffen und aufgelöst (lysiert) werden. Man fängt mit einem Bakterium an, das sich so lange teilt und Nachfahren hervorbringt, bis eine Riesenmenge entstanden ist, der man dann Viren hinzufügt. Die Bakterien lösen sich daraufhin in kurzer Zeit auf – aber nur auf den ersten Blick. Bei genauerem Hinschauen zeigt sich, dass einige Bakterien den Angriff der Viren überlebt haben und resistent geworden sind.

Diese Variation muss im Laufe des Wachsens entstanden sein, und nun kann man ein Experiment machen – eine Frage an die Natur stellen: Sind die resistenten Bakterien spontan und zufällig (vor der Zugabe der Viren) aufgetreten? Oder sind sie gezielt als Reaktion auf die Viren (auf die Umwelt) zustande gekommen?

Der entsprechende Versuch – der sogenannte Fluktuationstest, der sich ausgeklügelter Verfahren der Statistik bedient – wurde in den vierziger Jahren des 20. Jahrhunderts gemacht, und er gehört inzwischen zur Grundausbildung von Biologiestudenten. Seine Antwort ist eindeutig: Darwin hat recht! Die zur Resistenz führende Variation (Mutation) der Bakterien tritt spontan (zufällig) und ohne äußeren Grund (für die eingeschlagene Richtung) ein. Damit triumphierte die darwinistische Vorstellung der Entwicklung, und lamarckistisches Denken galt ab sofort als überholt.

Ist es dabei geblieben? Natürlich sollte niemand einen platten Lamarckismus vertreten und etwa behaupten, der lange Hals der Giraffe sei wirklich deshalb zustande gekommen, weil Generationen von Giraffen sich tatsächlich immer wieder nach den süßen Früchten in den Baumwipfeln gestreckt hätten. Andererseits bleibt es aber unbefriedigend, die zunehmende Komplexität (Höherentwicklung) allein zufälligen Ereignissen zuzuschreiben. Wie wäre es zum Beispiel, statt dieses kalten Konzepts vom Zufall die philosophisch freundlichere Variante der Kontingenz zu wählen, also einen Begriff zu benutzen, mit dem die prinzipielle Offenheit der Lebensmöglichkeiten angesprochen wird und in dem ein Zusammentreffen von Ereignissen ausgedrückt wird, die nicht kausal verknüpft sind?

Wenn sich in den Bakterien die Gene spontan so ändern, dass sie vor einem Angriff durch ein Virus gefeit sind, dann kommt diese Variation ja nur zum Vorschein, wenn ihr Auftreten zeitlich mit der Anwesenheit der Viren zusammenfällt. Das ist kein klassischer Zufall mehr, sondern Kontingenz vom Feinsten, und daher scheint dieser Begriff tatsächlich besser für die Erfassung der Evolution geeignet zu sein. Man könnte sogar noch hinzufügen, dass eine Zeitgleichheit (Synchronizität) von kausal nicht verbundenen Ereignissen eintreten muss, die zur Evolution (der Bakterien) führt, wobei besonders spannend ist, dass dafür eine Verschränkung von Innen (den bakteriellen Genen) und Außen (der Umwelt mit den Viren) benötigt wird. Darwinismus also ja – aber nicht mit zweifelhaften Zufälligkeiten, sondern mit koordinierter Kontingenz (aber nach wie vor ohne einen dominierenden Dirigenten).

Es gibt sogar noch weitere Hinweise darauf, dass der Lamarckismus nicht ganz so tot ist, wie viele Biologen ihn gerne sehen würden. Wer lamarckistisch denkt, nimmt unter anderem an, dass sich etwas, das man im Laufe des eigenen Lebens erfahren oder gelernt hat, in den Genen niederschlägt, und zwar so, dass es den Nachkommen vererbt und in ihnen bemerkbar und gegebenenfalls an ihnen sichtbar wird. Bislang schien es dafür keinen Weg in den organischen Geweben zu geben, weil die Keimzellen, die bei der Vermehrung zum Zug kommen – also Samen- und Eizellen beim Menschen –, von den Körperzellen unabhängig gebildet und nicht von ihnen instruiert werden. Doch seit einigen Jahren mehren sich merkwürdige Beobachtungen, die inzwischen zu einer neuen Wissenschaft namens Epigenetik gebündelt werden konnten. Sie handelt von der Weitergabe von Eigenschaften auf Nachkommen, die nicht von der Genetik erfasst werden. Es geht um Fertigkeiten und Erscheinungen, die nicht durch die Reihenfolge (Sequenz) der Bausteine bedingt sind, die ein Genom ausmachen.

Epigenetiker kümmern sich um vererbbare Modifikationen beziehungsweise Anpassungen des genetischen Materials, die dessen Nutzung regulieren, und konzentrieren sich auf chemische Markierungen, die an den genetischen Molekülen angebracht werden. Zellen können zum Beispiel ausgewählte Genbausteine mit kleinen Molekülformen versehen, die in der Fachterminologie Methylgruppe heißen. Mithilfe der sogenannten Methylierung lassen sich Muster im Erbmaterial aufzeigen, die lebenslang stabil bleiben und sogar mit den Genen vererbt werden.

Diese Markierungen kann man als Gedächtnis der DNA bezeichnen, denn die Muster werden durch die Umgebung bedingt, die den Träger der dazugehörigen Gene beeinflusst hat. Unsere Gene können Umwelten behalten und somit auch enthalten. Und auf diesem Weg kann das Leben unserer Großeltern – die Luft, die sie geatmet haben, die Nahrung, die sie zu sich genommen haben, die Freuden, die sie genossen haben – sich direkt bei und in uns auswirken, auch wenn wir die entsprechenden Umwelten oder Gegenstände nie mit eigenen Sinnen erfahren und wahrgenommen haben.

Warum Epigenetik nicht nur spannend, sondern auch lohnend ist, zeigt die Beobachtung im Laborexperiment, dass die Muster der Methylierung bei Ratten mit der Zuwendung korreliert sind, die eine Mutter für ihre Jungen zeigt. Die Liebe einer Mutter zu einem Neugeborenen schlägt sich – vererbbar – in dessen Genen nieder, was natürlich erwarten und auch nachweisen lässt, dass sich umgekehrt die Vernachlässigung ebenfalls dort bemerkbar macht. Die Wissenschaft kann dieser Spur der epigenetischen Muster inzwischen bis ins Gehirn folgen und auf diese Weise behutsam beginnen, das Gedächtnis der Gene als das Unbewusste zu verstehen, das Lebewesen in sich tragen. Wenn dies beim Menschen ebenso funktioniert wie bei Mäusen, können wir möglicherweise so etwas wie eine Seele finden, wenn wir als Epigenetiker die Gene betrachten. Mit unserem Erbmaterial tragen wir jedenfalls mehr herum, als sich die reinen Darwinisten träumen lassen.

Übrigens – so klar sich sagen lässt, welche Auffassungen ein sich an Darwins Gedanken orientierender Forscher vertritt, so unpassend ist es, ihn deswegen als Darwinisten zu bezeichnen. Das klingt eher nach einer sturen Ideologie und weniger nach der offenen Neugier, die Wissenschaftler umtreibt. Sie gehören keiner sich philosophisch festlegenden Partei an, sondern einer Zunft, die Freude an der Natur und deren Erkundung hat.

Baum und Koralle

Ein überzeugter Vertreter von Darwins Konzept des evolutionären Wandels besteht nicht nur auf der Rolle des Zufälligen in der Natur, sondern vertritt auch eine weitere kühne Behauptung, selbst wenn er sich das nicht immer deutlich genug klarmacht. Er ist nämlich überzeugt, dass sich das evolutionäre Geschehen in der Natur ausschließlich kausal erklären lässt – unter Hinzufügung des Zufalls selbstverständlich, was aber nur ausdrücken soll, dass es nirgendwo eine Richtung und erst recht keinen Plan gibt. Evolution läuft zukunftsoffen ab und wird durch das Wirken von Kausalfaktoren nachvollziehbar. Evolution agiert per »Zufall und Notwendigkeit«, wie der Titel eines populären Buches des französischen Molekularbiologen Jacques Monod prägnant festgehalten hat.

Die Behauptung einer durchgängigen Kausalität kann im 19. Jahrhundert als mutige Haltung Darwins angesehen werden, sie muss in unseren Tagen aber als verwegen bezeichnet werden, weil selbst die Physik erkannt hat, dass sie damit nicht zurechtkommt, wenn sie die Stabilität von Atomen verstehen will. Dies gelingt ihr nämlich nur, wenn ihre Vertreter annehmen, »dass immer wieder dieselben symmetrischen Gestalten der kleinsten Teile aus physikalischen Prozessen hervorgehen«, wie es Werner Heisenberg einmal formuliert hat. Mit anderen Worten: Wer die zentrale Eigenschaft der Materie – die Stabilität der Atome – verstehen will, muss mehr als physikalische Kausalität aufwenden, und demnach wäre es sehr merkwürdig, wenn die Suche nach Kausalfaktoren allein – also nach Genen – ausreichen würde, um die zentrale Eigenschaft des Lebens, nämlich das Hervorbringen von immer raffinierteren Formen, zu verstehen.

Wir weisen auf diese Lücke der Evolutionstheorie nicht hin, weil wir sie zu schließen wüssten, sondern weil wir auf das Konzept der Form hinauswollen, das wichtig ist, um Darwins Denkgebäude als anschauliches Modell darzustellen. Er selbst hat dafür schon bald einen »Baum des Lebens« auserkoren, wobei diese Metapher stark an die Bibel und den Garten Eden erinnert, in dem bekanntlich neben dem (verbotenen) Baum der Erkenntnis ein (verschmäht bleibender) Baum des Lebens steht. Auf jeden Fall hat Darwin schon früh daran gedacht, die verbreitete Vielfalt der Organismen als die Zweige eines Baums zu deuten, aus dessen Stamm sie herauswachsen, der selbst wiederum so etwas wie die Urform des Lebens darstellt. Eine erste berühmte Skizze findet sich in Darwins *Notebook B* aus dem Jahr 1837 mit nur zwei hinzugefügten Worten: »I think«. Sie sollen wohl ausdrücken: »So stelle ich mir die Diversifizierung der Arten vor – als Verzweigung eines Baumes.«

Das Bild zeigt nicht nur, was Darwin denkt; es ist sein Denken selbst, das wir vor uns sehen, und in ihm kommt offenbar eine menschliche Urform der Vorstellungskraft zum Ausdruck, denn der »Baum des Lebens« beziehungsweise der Stammbaum und der Gedanke der Evolution waren bald nicht mehr zu unterscheiden und werden bis heute vielfach gleichgesetzt. Wenn das Leben sich ausbreitet (diversifiziert), verzweigt es sich in unserer Vorstellung wie das Astgeflecht eines Baumes, der aus einer Stelle im Grund hochwächst und ins Offene – oder nach Höherem – strebt.

So schön und anschaulich das Bild vor uns steht, auch hier steckt der Teufel im Detail, und welche Art auf welchem Ast in welcher Nähe (mit welchem Grad an Verwandtschaft) zu

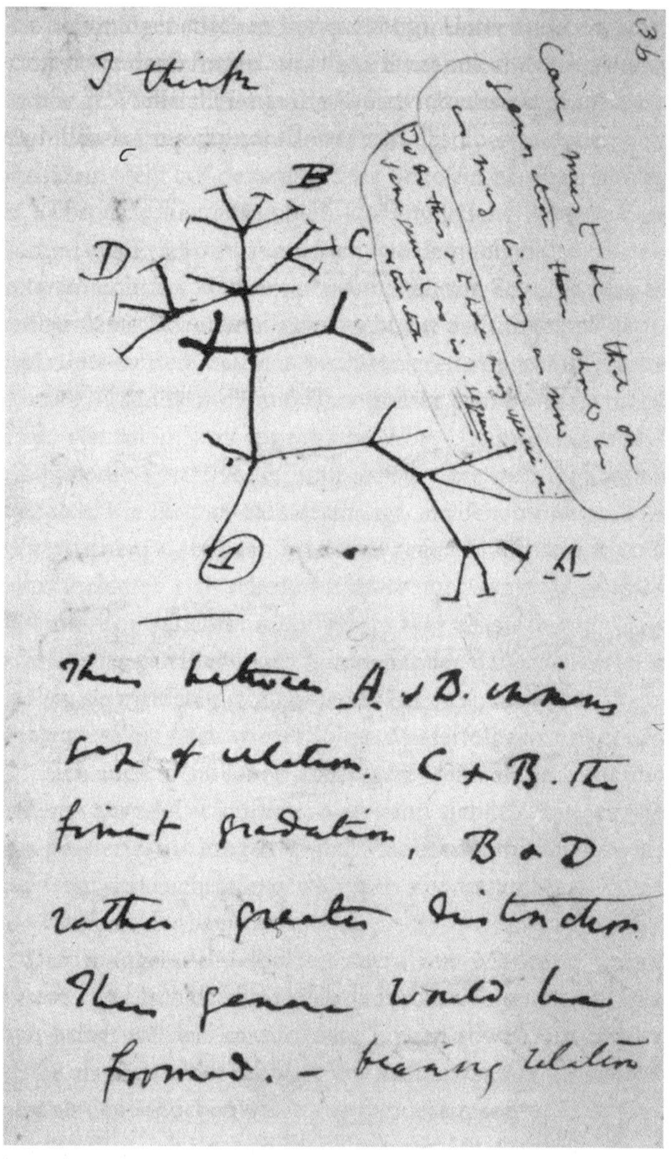

Abb. 7 Darwins Diagramm aus dem Jahr 1837.

welcher anderen Art eingefügt werden soll, darf keineswegs als eine banale oder gar erledigte Aufgabe betrachtet werden. Das Gegenteil scheint der Fall zu sein, und die Probleme beginnen schon bei der Frage, was ein Verzweigungspunkt genau darstellt. Repräsentiert er eine Art, die in der Vergangenheit tatsächlich einmal existiert hat? Markiert er die Stelle, an der Populationen voneinander isoliert wurden? Oder handelt es sich nur um den Schnittpunkt zweier gedachter Linien, die Ähnlichkeiten zwischen den verbundenen Arten ausdrücken? Und falls dies zutrifft – wie stellt man diese Ähnlichkeiten fest? Durch morphologische Gesichtspunkte wie etwa den Körperbau? Oder durch genetische Daten (DNA-Sequenzen)?

In den letzten Jahren haben vor allem Stammbäume Konjunktur, die anhand von Gensequenzen und ihren Variationen zustande kommen, wobei die Konstruktion so erfolgt, dass die Verzweigungen DNA-Abschnitte mit den wenigsten Änderungen in der Sequenz verbinden. Im Jahr 2000 zum Beispiel haben Molekularbiologen genetisches Material von dreiundfünfzig Menschen aus aller Welt miteinander vergleichen und die Daten anschließend nach dem genannten Rechenprinzip in einen evolutionären Baum verwandeln können. Die gelungene Konstruktion lässt dabei den Schluss auf einen gemeinsamen Vorfahren aller Menschen zu, der vor rund 170 000 Jahren in Afrika gelebt hat – was nach der Hollywoodverfilmung eines Romans der dänischen Schriftstellerin Karen Blixen (deren Werke unter dem Pseudonym Tania Blixen auf dem deutschen und Isak Dinesen auf dem englischsprachigen Buchmarkt erscheinen) als »Out-of-Africa-Hypothese« bezeichnet wird.

Das klingt zwar alles einigermaßen überzeugend, darf aber keinesfalls als der Weisheit letzter Schluss angesehen werden, und zwar aus mindestens drei Gründen. Zum einen weisen

Forscher immer wieder auf die Schwierigkeit hin, genau festzulegen, was eine enge oder gar engere Verwandtschaft ausmacht (wie jeder nachvollziehen kann, der die Frage zu beantworten versucht, warum er mit einer Cousine ersten Grades enger verwandt ist als mit einem Cousin zweiten Grades). Sind Frösche enger verwandt mit Fischen oder mit Menschen? Zum zweiten berichtete im Sommer 2008 das amerikanische Magazin *Science* davon, dass genetische Daten die traditionell erstellten Stammbäume von Vögeln inzwischen mehr oder weniger über den Haufen werfen und zum Beispiel von nun an die Lappentaucher einen Ast mit den Flamingos teilen dürfen, was bisher ein Privileg der Seetaucher war.

Nun werden solche Kleinigkeiten niemanden außerhalb der Fachwelt beunruhigen, und vielleicht lässt auch der dritte Grund die Leser zunächst kalt. Er besagt nämlich, dass der Baum möglicherweise die unpassende Metapher für die evolutionäre Entfaltung des Lebens ist, die wir auf diese Weise falsch – oder gar nicht – verstehen. Sogar Darwin selbst hat vielfach an seinem Urbild gezweifelt und in seinen Notizbüchern überlegt: »Der Baum des Lebens sollte vielleicht die Koralle des Lebens genannt werden.«

Dieses Umdenken ist darauf zurückzuführen, dass Darwin nach und nach mindestens eine Schwäche der seit dem Mittelalter umstrittenen Baummetapher aufgefallen ist. Sie besteht in der festliegenden Richtung des Wachsens und verleitet dazu, dass man sich als Krone der Schöpfung – oder zumindest dem Rest hoch überlegen – fühlen kann. »Der Baum ist kein gutes Bild«, so empfindet Darwin immer stärker, als er sich an die Abfassung seines Hauptwerks macht, auch wenn die einzige Zeichnung, die in der ersten Auflage enthalten ist, erneut Verzweigungen erkennen und also scheinbar auf die weitere Verwendung des alten Bildes vom Baum schlie-

Abb. 8 Die Überlagerung von Darwins Diagramm mit der Alge »Amphira Orbignyana«.

ßen lässt. Doch hat der Kunsthistoriker Horst Bredekamp in seinem Buch *Darwins Korallen* inzwischen überzeugend nachweisen können, dass diese Illustration tatsächlich etwas anderes zeigt. Sie ist höchst genau dem Aussehen eines Organismus nachgebildet, den Darwin auf seiner Weltreise gefunden und als Koralle identifiziert hat. Es spielt keine Rolle, dass die moderne Biologie in dem Exemplar inzwischen eine Alge erkennt. Wichtig ist, dass sich die Teile des Organismus wie Äste vergabeln, was Darwins Koralle zu seinem Modell der Evolution werden lässt. Darwin gefällt der Stellenwert, den Korallen in der Antike – als Repräsentanten des Weltganzen –

hatten; und ihn begeistert, wie Ovid ihre Wandlungsfähigkeit beschrieben hat: »Immer noch bleibt den Korallen das nämliche Wesen: sie werden / Hart, wenn die Luft sie berührt, und was in dem Meere Gezweig war, / Wird, enthoben dem Meer, zu starren Gesteinen gestaltet.« Bredekamp stellt sich vor, welchen Schluss Darwin aus solchen Hinweisen gezogen hätte: »Weil sich Korallen solcherart als Verwandlungskünstler zeigten, wirkte in ihnen eine Art evolutionäres Urwissen.« Zudem zeigen die Korallen etwas Humanes, nämlich »dass dem großen Schlachten der natürlichen Auslese eine ästhetische Komponente entgegenläuft, welche die Schönheit aus den erhabenen Produkten schwacher Körper und dem Überfluss der im Lebenskampf aktivierten Energien zieht«.

Homologie und Analogie

Wer die eben besprochenen Stammbäume anfertigen beziehungsweise Abstammungen zwischen Organismen mit gleichen oder ähnlichen Merkmalen präzise erfassen möchte, trifft auf ein Problem, das schon Darwin gut kannte: Man muss deutlich unterscheiden, ob Merkmale deshalb vergleichbar sind, weil sie einen gemeinsamen Ursprung haben, oder weil sie als ähnlich gut gelungene Anpassungen der Evolution entstanden sind (und zwar unabhängig voneinander auf getrennten Wegen). Die Wissenschaft hat dafür zwei Fachausdrücke geprägt, nämlich homolog und analog. Wenn zum Beispiel zwei Organe den gleichen Entwicklungsgang absolviert haben, dann nennt man sie homolog, auch wenn sie letztlich andere Funktionen ausüben – als Musterbeispiel dafür dienen die Schwimmblasen der Fische und die Lungen der Landwirbeltiere. Homolog sind ebenfalls die Skelette in den Vorderflossen von Delphinen und den Vorderbeinen von Elefanten, da die dort befindlichen Knochen (Oberarm, Elle, Speiche) trotz verschiedener Aufgaben des Organs in der gleichen Reihenfolge zu finden und also nach einem konservierten Entwicklungsplan entstanden sind. Überhaupt sind die Vorderextremitäten von Säugetieren aus gleichartig angeordneten Skelettteilen aufgebaut, was auf eine anatomische Urform schließen lässt, die zur Übernahme spezifischer Funktionen im Laufe der Evolution passend modifiziert werden konnte.

Der Homologie steht als Gegenstück die Analogie gegenüber (nicht zu verwechseln mit dem logischen Schluss gleichen Namens), die es auf sinnlich wahrnehmbare Strukturen abgesehen hat. Analoge Organe übernehmen zwar ähnliche Funktionen, bestehen aber aus unterschiedlichen Bauteilen. Ein klassisches Beispiel dafür liefern die Augen von Fliegen und Säugetieren oder die Flügel von Insekten und Vögeln, die jeweils demselben Zweck dienen, auch wenn sie nicht aus dem gleichen Gewebe bestehen und kein vergleichbares Bau- und Konstruktionsprinzip erkennen lassen. Unternimmt man einen Ausflug in die Pflanzenwelt, dann findet man dort die – bekanntlich leicht zu verwechselnden – Stacheln und Dornen als analoge Gebilde. Sie übernehmen die gleiche Funktion (unter anderem das Fernhalten unerwünschter Besucher), entstehen aber auf völlig verschiedene Weise – die Dornen als grundlegende Umbildung von Blättern und die Stacheln als oberflächliche Neubildung von Rindengewebe.

Darwin ist dies bekannt, und er weiß, wie kompliziert und schwer vermittelbar diese Erkenntnis ist. Er befürchtet, dass es große Mühe mache, »den Unterschied zwischen Analogie und Homologie klarzustellen«, wie er 1857 seinem Freund Thomas Huxley schreibt. Der Optimist Darwin hofft trotzdem, dass es irgendwann eine genealogische Ordnung – eine sich am Grad der Verwandtschaft orientierende Systematik – geben könne, mit der sich »die immensen Dummheiten, die über den Wert von Merkmalen geschrieben wurden, beseitigen« lassen. Er nimmt zudem an, dass ein solches Vorhaben Zeit braucht, und er rechnet nicht mehr damit, selbst den krönenden Abschluss dieser Arbeit zu erleben. Möglicherweise erlauben erst die genetischen Daten unserer Gegenwart, das zu erreichen, was Darwin sich gewünscht hat.

Sie strömen in diesen Tagen in großen Mengen in zahlreiche Datenbanken ein, in denen das gespeichert wird, was man als Genomsequenzen bezeichnet. Unter einem Genom

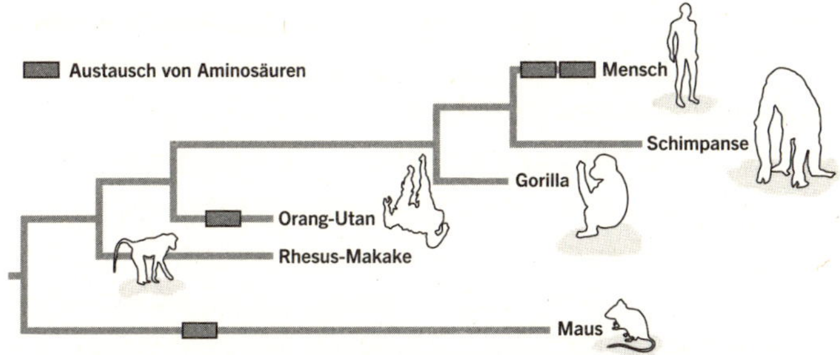

Abb. 9 Der manchmal als »Sprachgen« bezeichnete DNA-Abschnitt mit Namen FOXP2 ist unter Säugetieren weit verbreitet. Die Menschen sind an dieser Stelle nicht so sehr verschieden von den Schimpansen. Doch bekanntlich können kleine Unterschiede manchmal eine große Bedeutung bekommen.

ist das gesamte Erbmaterial einer Zelle, die komplette DNA eines Organismus zu verstehen. Seit den 1980er Jahren werden Methoden und Computerprogramme entwickelt, die es erlauben, erst die vielen Millionen oder gar Milliarden Bausteine zu sequenzieren (das heißt, ihre Reihenfolge zu bestimmen) und dann diese langen Buchstabenketten miteinander zu vergleichen. Dabei lassen sich rein rechnerisch homologe Gene finden, denn ihre Sequenz muss in groben Zügen übereinstimmen, damit ein Computer mit geeigneter Software sie in den Datenbanken finden kann. Der Feinvergleich lässt dann die Entwicklungsgeschichte der Gene beziehungsweise DNA-Sequenzen erkennen. Als Beispiel sei auf die oben beschriebenen homeotischen Gene hingewiesen, die inzwischen alle sequenziert sind und uns Einblick in ihre Homologie (ihre gemeinsame Abstammung) gewähren.

Übrigens – die seit langem bekannte (und daher nicht mehr besonders beachtete) Tatsache, dass alle Organismen in ihren Zellen DNA-Moleküle tragen und diese genetischen Anleitungen auf vergleichbare Weise in die biologische Tat des Lebens umsetzen, könnte man auch als Homologie – sogar als eine universelle Homologie – betrachten und aus ihr den spannenden Schluss ziehen, dass es vermutlich nur einen einzigen Ursprung des Lebens auf der Erde gegeben hat.

Es hat – vielen Sprachwissenschaftlern zufolge – auch nur einen Ursprung der menschlichen Sprache gegeben. Wir erwähnen diese Vermutung hier deshalb, weil ein in menschlichen Zellen auszumachendes Gen bekannt ist – es trägt den wenig poetischen und kaum einprägsamen Namen FOXP2 –, dessen Variation zu einer Beeinträchtigung der Sprachfähigkeit führen kann. Nun hat man die homologen Gene in anderen Spezies – vornehmlich in Affenarten – identifizieren und in einer Verzweigung anordnen können. Dabei zeigt sich, dass die Annahme sinnvoll ist, dass dieses Gen als Angriffspunkt der Selektion gedient hat. Ob damit zugleich auch gesagt werden kann, dass die Selektion Sprachfähigkeit insgesamt bevorzugt hat, bleibt natürlich umstritten und also so offen wie die Evolution selbst.

Divergenz und Konvergenz

Wie bereits geschildert, fühlte sich Darwin ermutigt, seine Ideen über die Entstehung der Arten zu publizieren, nachdem er 1851 das Konzept der Divergenz ersonnen hat, also den Gedanken der Auseinanderentwicklung. Tatsächlich stellen wir uns heute immer noch – stets mit dem archaischen und biblischen Bild des Baumes im Hintergrund – unter Evolution gerne das Ausschwärmen von vielgestaltigen Lebensformen über einen Kontinent oder gar die ganze Welt vor, wobei die bei dieser Verbreitung entstehenden Arten ihre jeweilige Nische finden, dort heimisch werden und sich im Laufe von Generationen den speziellen Umständen immer genauer anpassen – also erneut diversifizieren.

Diese Divergenz macht tatsächlich eine wesentliche Qualität des evolutionären Geschehens aus, sie zeigt, welches Potenzial in dem steckt, was wir als Leben kennen und erfahren und was sich kontingent in eine offene Zukunft entfaltet. Das Aufkommen der Divergenz braucht natürlich seine Zeit (und seine Gelegenheiten), und so schätzen die Evolutionsbiologen, dass zum Beispiel mehr als 150 Millionen Jahre vergehen mussten, um aus einem einzelnen Urahnen die vielen Säugetiere beziehungsweise ihre zahlreichen Ordnungen entstehen zu lassen – also das ganze Spektrum, das von den Beuteltieren über die Insektenfresser, die Nagetiere, die Primaten, die Fledermäuse, die Rüsseltiere, die Raubtiere, die Paar- und Unpaarhufer bis hin zu den Walen reicht.

So einfach die Divergenz auch aussieht und so einleuchtend der Vorgang sich im Bild darstellt – es gelingt keineswegs, ihn ohne weiteres zu erklären. Die Biologen, die gerne das Zufällige betonen (und manchmal überbetonen, um keine Schwierigkeiten mit einem im Hintergrund lauernden Designer zu bekommen), führen an dieser Stelle bevorzugt das Konzept des genetischen Dahintreibens an, wobei sie sich mit Vorliebe der englischen Sprache bedienen und von einer *genetic drift*, einer Gendrift, sprechen. Dieses Treiben der Gene stellen sie neben die natürliche Selektion, wenn sie die Ursachen und Mechanismen des evolutionären Wandels aufzählen.

Übrigens – »Treiben« hat im Deutschen zwei Bedeutungen: Man kann sich entweder einfach dahintreiben lassen oder aber jemanden antreiben, eine bestimmte Richtung einzuschlagen. Möglicherweise erfasst Gendrift sowohl das Spielerische als auch das Notwendige des evolutionären Geschehens, das vielleicht als spielerisches Treiben gelten kann.

Wie dem auch sei, die Biologen können – durch Feldbeobachtungen und Experimente in ihren Laboratorien nachweisen, dass es ein genetisches Dahintreiben tatsächlich gibt – das Erbmaterial ist eben dynamisch und anpassungsfähig –, aber sie haben dabei bemerkt, dass noch andere Konzepte nötig sind, um das Phänomen des Divergierens in der Evolution gründlich zu erfassen. So kennen sie zum Beispiel den Gründereffekt, der eintritt, wenn Populationen einen Flaschenhals durchlaufen müssen, wie es im Jargon der Biologen heißt, wenn Gruppen also auf Umstände treffen, die ihre Größe in kurzer Zeit merklich einschränken. Flaschenhälse können durch geografische Engpässe entstehen oder bei Umweltkatastrophen (Vulkanausbrüchen) auftreten. Von einer ursprünglich riesigen Population bleiben plötzlich nur einige wenige Mitglieder übrig, die dann, wenn das Leben und seine Evolu-

Abb. 10 Dinosaurier von der Trias bis zur Kreidezeit (im gleichen Maßstab gezeichnet): a Procompsognathus (Länge 0,75 m); b Heterodontosaurus; c Coelophysis; d Plateosaurus; e Allosaurus; f Megalosaurus; g Stegosaurus; h Camptosaurus; i Ornitholestes; j Compsognathus; k Diplodocus (Länge 27 m); l Brachiosaurus; m Apatosaurus (Brontosaurus); n Hypsilophodon; o Velociraptor; p Deinonychus; q Fabrosaurus; r Tyrannosaurus; s Protoceratops; t Iguanodon; u Edmontosaurus; v Triceratops; w Struthiomimus; x Corythosaurus; y Ankylosaurus; z Tarbosaurus. Aus Storch et al. (2001).

tion insgesamt weitergehen, notwendigerweise zu Gründern der neuen Population am alten Ort werden. Bei ihren Mitgliedern findet man dann eine andere Genverteilung als die, die sich ohne Passage durch einen Flaschenhals – ohne eine kontingente spürbare Reduzierung der Populationsgröße – ergeben hätte.

Das Gegenstück zu der Divergenz ist die Konvergenz, also das Zusammenlaufen auf einen Fixpunkt beziehungsweise das Hinstreben zu ihm. Doch so selbstverständlich die Mathematiker von konvergenten Zahlenreihen sprechen, die sich auf einen Grenzwert zu bewegen – die Folge 1, $^1/_2$, $^1/_3$, $^1/_4$ läuft ebenso auf die Null zu wie die Folge $^1/_{10}$, $^1/_{20}$, $^1/_{30}$, $^1/_{40}$ –, so schwer tun sich Biologen, von konvergenter Evolution zu sprechen. Über Jahrhunderte haben sie stattdessen bevorzugt das oben erwähnte Konzept der Analogie verwendet und etwa von Pflanzen, die entweder in Madagaskar oder in Nordamerika wachsen und große Ähnlichkeit im Bau von Blättern und Rinden zeigen, ohne miteinander verwandt zu sein, gesagt, dass sie analoge Anpassungen darstellen, die durch einen ähnlichen Selektionsdruck zustande gekommen sind. Auch die Augen von Kraken (Oktopus) und Menschen stellen als Organe des Sehens analoge Schöpfungen der Evolution dar. Hier ist es angebracht, von Konvergenz zu sprechen, um etwas über den evolutionären Prozess – und seine Limitierung – sagen zu können, der da stattfindet und auf einen von den möglichen analogen Endpunkten zuläuft.

Die Konvergenz fällt einem bei den Augen deshalb gleich auf, weil diese kameraartigen Strukturen des Sehens mindestens sechsmal unabhängig voneinander entstanden sind. Dies ist äußerst plausibel, wie der englische Evolutionsbiologe John Maynard Smith meint, wenn man ihm zugesteht, dass Organismen das Angebot ausnutzen müssen, das ihnen die Erde bietet. Dazu gehört das Licht der Sonne, das die Erdatmosphäre durchlässt, und Maynard Smith hat darauf hingewiesen, dass ein Auge dazu da ist, diese Strahlung einzusammeln und seinem Träger zur Verfügung zu stellen. Nun kann es – aus physikalischen Gründen – nicht beliebig viele Wege geben, um diese oder andere verwandte Probleme zu lösen oder bestimmte Ziele zu erreichen.

Statt von »Zielen« sollte man jedoch besser von »evolutionären Endpunkten« oder Meilensteinen sprechen, und die bleiben unverändert, wenn die Aufgaben und die Lichtverteilungen gleich bleiben. In diesem Fall werden sich vielfach Augen bilden, was durchaus plausibel ist. Es gibt weitere Umweltbedingungen, die andere evolutionäre Endpunkte festlegen, die dann aber erneut Ähnlichkeiten zeigen – und so wird man überall bei Landtieren Füße, bei Wassertieren Flossen und bei Lufttieren Flügel finden. Natürlich kann die Evolution im Einzelfall beliebig viele Wege einschlagen – alle, die ihr auf der Erde offen stehen –, aber sie muss dort ankommen, wo sie konkurrenzfähig Platz nehmen kann: Nasen müssen zum Beispiel riechen können, was es in der Umwelt zu riechen gibt, und für andere Sinne gilt das ebenfalls. Sonst wird es für Lebewesen eng – auch ohne einen Flaschenhals.

Wer die Vielfalt des Lebens unter dem Aspekt der Konvergenz betrachtet, wird feststellen, dass diese Qualität sich überall zeigt, weil es physikalische Randbedingungen (Einschränkungen) gibt, die dafür sorgen, dass einige Hervorbringungen unvermeidlich werden und sich daher vielfach bei den Organismen finden – Augen, Hände, Füße und Gehirne zum Beispiel.

Konvergenz gehört also eindeutig zur Evolution, und da dieses Konzept gewöhnlich links liegengelassen wird, sollte man den Begriff möglichst sorgfältig zu fassen versuchen: Er beschreibt die Tendenz von Organismen, von deutlich verschiedenen Ausgangspositionen mithilfe von Mutation und Selektion zu ähnlichen Lösungen zu gelangen, und er erfasst die Tatsache, dass der Evolution nicht beliebig viele Alternativen zur Verfügung stehen, wenn es um überlebensfähige Lebewesen geht.

Der britische Paläontologe Simon Conway Morris glaubt, aus der wirkungsmächtigen Konvergenz nicht nur den Schluss ziehen zu können, dass »das Auftreten (die Emergenz) von menschlicher Intelligenz beinahe unvermeidlich« ist, er geht sogar so weit, von der Unvermeidlichkeit des Menschen überhaupt zu sprechen, wenn man ihn unter den Aspekten betrachtet, die evolutionär konvergent sind – wir sind Fleischfresser, gehen aufrecht auf zwei Beinen, gebrauchen Werkzeuge, sorgen lebend gebärend für Nachwuchs und verfügen über eine gewisse Intelligenz.

Selbst komplexe Verhaltensformen im Umgang mit der Umwelt sind konvergent. Das konkrete Beispiel findet sich in der Landwirtschaft, die nicht nur von Menschen betrieben wird, sondern auch von Ameisen. Ihr »Getreide« ist dabei ein Pilz, der in großen Anlagen tief in der Erde angebaut wird, die sich durch eine komplexe innere Struktur mit Abfallkammern und Lüftungsrohren auszeichnen.

Bei genauerem Hinsehen werden die Parallelen zu unserer Art der Nahrungsmittelerzeugung auffällig. Der Pilz wird auf einem Blätterbeet (Mulch) gezogen, dessen Bereitstellung auf hoch komplexe Weise organisiert wird und den Ameisen den Namen Blattschneideameisen eingetragen hat. Das Laub von Bäumen wird eingesammelt, und die Ernte wird zum Nest gebracht, wobei unterwegs Zwischenlager eingerichtet werden können. Wenn das Blätterbeet und der Pilz, der darauf gedeihen soll, erst einmal im Nest der Ameisen sind, werden beide kontinuierlich versorgt und in Ordnung gehalten. Zu diesen Tätigkeiten gehören die Vernichtung von Unkraut, der Einsatz von stickstoffhaltigem Dünger (der aus analen Ausscheidungen stammt), Herbiziden und Antibiotika.

Offenbar sind viele Qualitäten, die zum Menschen gehören und ihn definieren, konvergent. Es ist möglich, dass es uns doch noch einmal gibt, wenn sich ein zweiter Planet wie die Erde findet, der die Bedingungen für die Evolution liefert. Vielleicht existiert er aber auch nicht. Dann wären wir allein im Universum, und alle Divergenz und Konvergenz diente nur unserem Vergnügen. Immerhin etwas.

Haupt- und Nebenfunktion

Zu Darwins berühmten Zitaten gehört die Klage: »Wenn ich an das menschliche Auge denke, bekomme ich Fieber.« Er konnte sich – völlig zu Recht – auch beim besten Willen nicht vorstellen, wie ein derart komplexes Gebilde wie unser Sehorgan von der Evolution zusammengewürfelt werden sollte. Doch so müsste es geschehen, falls dem Zufall das Sagen überlassen bleibt, wie Darwin annahm (und wovon seine Nachfolger ausgehen). Und es scheint noch ausgeschlossener, bei dieser Lotterie des Lebens außerdem auch darauf hoffen zu können, dass sich an das Auge all die Nervenzellen anschließen, die das Lichtsignal aufnehmen und ins Gehirn leiten, um es dort zu unserem Sehen werden zu lassen.

Dieser pessimistischen Sicht steht der erwähnte optimistisch stimmende Befund gegenüber, dass es der Natur mehrfach gelungen ist, Augen entstehen zu lassen. Es muss also etwas geben, das das Geschehen in diese Richtung treibt oder vielmehr den Weg zu diesem Organ ermöglicht. Und wenn dieser Mechanismus erkannt ist – so die Hoffnung –, lässt sich vielleicht sogar das andere evolutionäre Problem lösen, mit dem Darwin sich abmühte, nämlich den Beitrag von halben oder unfertigen Augen zur Fitness ihrer Träger zu erklären.

Es wird niemanden verwundern, wenn wir mit dem bisherigen Begriffsarsenal – weder mit dem genetischen noch mit den morphologischen Ideen – tatsächlich nicht weiterkommen. Mit den eingeführten Konzepten bleibt stets eine Lücke, die sich aber schließen lässt, wenn wir uns auf den schlichten Tatbestand besinnen, dass alles, was in dieser Welt funktioniert, auf verschiedene Weise verwendet werden kann. Im einfachsten Fall können alle Strukturen von Organismen eine Doppelfunktion übernehmen, wie man zum Beispiel im Zoo an den Robben sehen kann, die ihre Flossen nicht nur zum Schwimmen (Hauptfunktion), sondern auch zum Gehen oder Watscheln (Nebenfunktion) einsetzen können. Insektenbeine dienen nicht nur zum Laufen, sondern unter anderem auch zum Erzeugen von Geräuschen und als Grabschaufeln. Die Vordergliedmaßen von Wirbeltieren können insgesamt viele Funktionswechsel mitmachen und zum Graben, Greifen, Klettern und sogar Fliegen nützen.

Tatsächlich können mit dem Blick auf Doppelfunktionen – mit ihrem jeweiligen Nachweis im konkreten Einzelfall – geschlossene Entwicklungsreihen plausibel gemacht und zusammengefügt werden, wenn jeweils eine ursprüngliche Hauptfunktion an Bedeutung einbüßt und ihre Stelle von einer zunächst nur als Nebenfunktion in Erscheinung tretenden Fähigkeit eingenommen wird. Das gelingt beispielsweise ausgesprochen gut für das Auge, das Darwin so quälte, wie ich bereits in meinem Buch *Die andere Bildung* dargestellt habe, dem die folgenden Abschnitte entnommen sind:

> *Am Anfang steht die biochemische Möglichkeit, das Licht der Sonne einzufangen. Einzelligen frühen Formen des Lebens, die dazu in der Lage waren, konnten sich dort durchsetzen, wo das Licht hinfiel, und zwar deshalb, weil der Lichteinfang zum Gewinn von Energie eingesetzt wurde. Dies war seine Hauptfunktion.*
>
> *In einem zweiten Schritt stellen wir uns Organismen aus vielen Zellen (Mehrzeller) vor, die über lichtempfindliche Zellen verfügen und denen es gelingt, sie auf einer*

Seite zu konzentrieren. Die Aufgabe der Energieproduktion bleibt zwar erhalten, sie tritt aber in den Hintergrund im Vergleich zu der neuen Möglichkeit der Orientierung. (Tatsächlich verwenden viele Bakterien das Licht heute noch auf diese zweifache Weise, was unser Auge aufgegeben hat; unser Organ nutzt das Licht nur zum Sehen und nicht zur Erledigung anderer Aufgaben.)

In einem dritten Schritt wird die neue Hauptfunktion der Orientierung ernst genommen, was bedeutet, dass die dafür verantwortlichen Zellen zu schützen sind. Da sie an der Oberfläche bleiben müssen, liegt die einfachste Lösung darin, sie einzustülpen und als Grube anzulegen. Mit der Hauptfunktion des Schutzes gewinnt der Organismus eine neue Möglichkeit, nämlich die Richtung zu erkennen, aus der das Licht kommt. Wird nun in einem vierten Schritt die Grubenöffnung stark verkleinert, wird nicht nur diese Nebenfunktion zur Hauptaufgabe, vielmehr taucht darüber hinaus eine neue Möglichkeit auf, nämlich die Abbildung der Außenwelt. Eine Grube mit engem Verschluss ist so etwas wie eine Lochkamera, die ein umgekehrtes Bild auf ihre Rückseite projiziert.

Natürlich sind winzige Öffnungen gefährdet, und es lohnt sich, sie durch durchsichtige Deckel zu verschließen. Dieser Hauptfunktion tritt sofort die Nebenfunktion an die Seite, als Linse zu fungieren, die ein besseres Bild der Welt liefert, als es die alte Lochkamera tat.

Und so weiter, bis zu den beiden Schlusssteinen des Sehsystems, mit denen wir diesen Text lesen. Es würde den Rahmen sprengen, wenn darin auch nur der Versuch unternommen würde, die vollständige Geschichte des Auges zu schildern, die mindestens noch zu erklären hätte, warum es zwei Organe des Sehens im Kopf gibt – dies hängt mit der zweiseitigen (bilateralen) Grundstruktur von Organismen und ihrer Bewegungsrichtung zusammen –, und die darüber hinaus noch verständlich machen müsste, warum die Verschiebung der beiden Augen von der Seite des Kopfes, wie sie etwa bei Pferden zu finden ist, nach vorne vonstatten gegangen ist und wie das ablaufen konnte. Die Idee der Selektion ist dabei – wie stets – nicht die Lösung der Aufgabe, sondern das Werkzeug, mit dem eine Lösung möglich ist, und das Konzept der Doppelfunktion hilft dabei – manchmal sogar entscheidend.

Um darzulegen, wie der Wechsel zwischen Haupt- und Nebenfunktion funktioniert, soll der Naturphilosoph Gerhard Vollmer zu Wort kommen:

> *Vogelflügel müssen, bevor sie wirklich zum Fliegen dienen konnten, andere Aufgaben erfüllt haben, denen sie auch in »halb fertigem« Zustand gerecht wurden. Solche Zwecke könnten ein langsameres Fallen, der Gleitflug, also ein verzögertes Fallen mit Ortswechsel, oder der Insektenfang gewesen sein. In allen Fällen sind auch erste Ansätze schon wertvoll oder selektiv wirksam. Erst viel später kann dann die Flugfähigkeit als zweite (oder dritte) Funktion hinzugekommen sein. Auch Vogelfedern dürften in erster Linie dem Wärmeschutz (und auch als Fangnetz?) und erst später zusätzlich dem Fliegen gedient haben, und der fertige Flügel dient seinerseits nicht nur der Fortbewegung, sondern auch als Waffe, als Schmuck, als Ruder oder sogar (bei den Alken [Papageientauchern]) als Flosse.*

Ein besonders überzeugendes Beispiel für die Rolle und Bedeutung der Doppelfunktion findet sich bei der Evolution der

Ohren von Säugetieren. Es ist bekannt, dass die Gehörknöchelchen Hammer und Amboss bei Reptilien noch im Kiefergelenk liegen und für dessen Gelenkigkeit sorgen, während sie sich bei Säugetieren im Mittelohr befinden und den Schall übertragen. Es gibt fossile Zwischenformen, bei denen die Kieferknochen durch Ausbildung eines zweitens Gelenks freigesetzt wurden, was die Frage erlaubt, warum die Knöchelchen diese Chance nutzten, um ins Ohr zu wandern. Die Antwort steckt in der Tatsache, dass die Knöchelchen – dass Knochen überhaupt – in der Lage sind, Vibrationen zu registrieren und Schall zu leiten. Die erwähnten Strukturen haben also einige evolutionäre Zeit hindurch beide Funktionen – die von Gelenken und die der Schallübertragung – übernommen. Sie waren von Anfang an Teil des Gehörs – erst als Neben- und zuletzt als Hauptfunktion.

So offensichtlich die Bedeutung von Doppelfunktionen ist, ihr Vorliegen muss in jedem Fall überprüft werden. Es bleibt Aufgabe der Evolutionsbiologie, die entsprechenden Nachweise tatsächlich zu liefern.

Aktuelle und evolutionäre Ursachen

Das Doppelspiel der Doppelfunktion findet seine Entsprechung in der Tatsache, dass alle Warum-Fragen in der Biologie eine doppelte Antwort erlauben. Warum schlägt ein Herz? Ein Biochemiker würde sich auf die Zellen beziehen und auf die elektrischen Ströme hinweisen, die das rhythmische Kontrahieren von Gewebe ermöglichen, das wir als Herzschlag wahrnehmen. Ein Humanbiologe würde von der Aufgabe eines Körpers sprechen, seine Teile mit Sauerstoff zu versorgen, was durch den Blutkreislauf gelingt, den das Herz als Pumpe antreibt. Warum schlägt also ein Herz? Weil es (erste Antwort) über die geeigneten Zellen verfügt und weil es (zweite Antwort) mit diesem Pulsieren eine vitale Funktion erfüllt.

Wir können uns viele Fragen ausdenken, die Antworten aus zwei Richtungen zulassen, und sie können harmlos klingen oder ein ernstes Thema ansprechen: Warum sind Eisbären weiß? Warum sind manche Schlangen grün? Warum gibt es zwei Geschlechter? Warum frieren Frauen eher als Männer? Warum ziehen Vögel nach Süden? Warum jucken Mückenstiche? Warum sind die Augen von Asiaten anders geformt als die von Europäern? Warum schwitzen wir? Warum fragen Kinder so oft: »Warum«?

Warum sind Eisbären weiß? Die erste Antwort kommt aus der physikalischen Richtung, die das Licht betrachtet, das von der Sonne auf das Bärenfell fällt und von dort in unser Auge gelangt. Diese Strahlung enthält als Streulicht alle Komponenten, die wir wahrnehmen können und die unser Gehirn deshalb als neutral – also als weiß – deutet und uns als diese Farbe bewusst macht.

Diese Erklärung trifft natürlich auch für Schnee und die eisige Landschaft in der Polarregion zu, in der Eisbären (oder Polarbären) zu Hause sind, was uns auf eine zweite Antwort für die Ausgangsfrage führt, und zwar die aus der biologischen Richtung. Sie lautet, dass Eisbären weiß sind, weil sie mit einem Fell von dieser Farbe weniger auffallen und sich besser ihren Opfern, den Seehunden, nähern können – besser jedenfalls als die ihnen verwandten Braunbären. Die Farbe Weiß stellt also eine Anpassung von Bären an den arktischen Lebensraum dar, und eine solche Erklärung können wir auch für die anderen Fragen finden.

Warum sind manche Schlangen grün? Die physikalische Antwort wird auf ein Pigment in der Haut hinweisen, das nur den grünen Teil des auftreffenden Lichts reflektiert, während die evolutionäre Deutung anmerken wird, dass sich die Schlange dank dieser Eigenschaft – grün zu sein – besser im Laub verstecken kann und durch die farbliche Adaptation ihre Überlebenschancen verbessert.

Was wir als »physikalische« und »biologische« oder »evolutionäre« Antwort unterschieden haben, bezeichnen Evolutionsbiologen in der Fachsprache als Differenz zwischen einer proximaten und einer ultimaten Erklärung beziehungsweise Ursache. Die aus dem Englischen übernommenen Ausdrücke klingen zwar nicht besonders gut, aber in Ermangelung einer besseren Alternative müssen wir uns mit den in der Wissenschaft eingeführten Ausdrücken anfreunden. Man kann jedoch stattdessen auch von aktuellen und evolutionär bedingten Ursachen sprechen.

Eine solche Unterscheidung geht auf die Verhaltensforschung der fünfziger Jahre zurück, die zum Beispiel Fluchtreaktionen untersuchte und erkannte, dass man dabei den proximaten Anlass – das Erscheinen eines Raubtieres – von der ultimaten Ursache für das Wegrennen des Opfers – ein von der Evolution entwickeltes Verhalten, das dem Überleben dient – unterscheiden muss. Damals hatte man beobachtet, dass ein Löwe, der ein altes Männchen verdrängen und dessen Rudel übernehmen konnte, häufig alle Jungtiere tötet. Warum kommt es zu diesem Infantizid? Die proximate Antwort wird hormonelle und neurologische Details im Löwenkörper anführen (für die sich außer Spezialisten vermutlich kaum jemand interessiert). Die ultimate Antwort erläutert, dass durch den mörderischen Eingriff die Weibchen mit dem Stillen aufhören und danach eher bereit und in der Lage sind, für den neuen Rudelführer Kinder zur Welt zu bringen (dem offenbar mehr daran liegt, seine eigenen Gene zu verbreiten, und der dabei weniger die Vermehrung seiner Art als Ganzes im Auge hat).

In ihrem Buch *Von Natur aus anders*, das elegant und überzeugend die »Psychologie der Geschlechtsunterschiede« vorstellt, bietet Doris Bischof-Köhler folgende Erklärung für die beiden Ebenen:

> *Die ultimate Fragestellung lautet: »Wozu ist ein Merkmal gut, welchen Vorteil bietet es seinem Träger, welche Leistung erbringt es, welcher Funktion, welchem ›Zweck‹ dient es? Wie kann man verstehen, dass es sich evolutionsgeschichtlich durchsetzen konnte? Auf welchem Wege verhilft es seiner eigenen genetischen Grundlage dazu, sich in jeder neuen Generation erfolgreich zu behaupten?«*
>
> *Und die proximate Fragestellung lautet: »Mit welchen Mitteln erreicht es der Organismus, dass das Merkmal*

überhaupt ausgeprägt wird und seine Leistung erbringen kann? Welchem Konstruktionsprinzip verdankt das Merkmal seine Funktionstüchtigkeit? Welche Mechanismen müssen ablaufen, damit die Leistung zustande kommen kann?«

Probieren wir es aus: Warum gibt es zwei Geschlechter? Warum frieren Frauen eher als Männer?

Die erste Frage reicht natürlich viel weiter als die zweite, die wir knapp beantworten wollen. Die Physiologen haben nachgemessen, dass Frauenkörper im Durchschnitt einen höheren Fettanteil aufweisen als Männer, die über etwas mehr Muskelmasse verfügen. Wenn es kalt wird, können die Muskeln reagieren – sie beginnen leicht zu zittern –, das Fett aber nicht, und so bekommen Frauen leichter als Männer kalte Hände und Füße. Das ist die proximate Deutung, die durch die ultimate Erklärung ergänzt werden muss, wieso es bei Mann und Frau überhaupt die genannten Unterschiede gibt. Kurz gesagt: Frauen sind auf mehr Fett als Männer angewiesen, weil sie die Reserven für den Nachwuchs und seine Versorgung brauchen, und Männer benötigen mehr Muskeln, weil sie auf die Jagd gehen und im Kampf bestehen müssen.

Die Gründe für das Vorhandensein von zwei Geschlechtern sollen hier nur angedeutet werden, weil auf sie im nächsten Kapitel eingegangen wird. Es gilt dann zu klären, welchen Anpassungswert die Trennung in Männchen und Weibchen und in Mann und Frau bietet und warum sich die Geschlechter so verschieden verhalten. Warum hören Männer nicht zu? Und warum können Frauen nicht rückwärts einparken? So haben es die Autoren eines Bestsellers einmal im Titel ihres Buches formuliert, in dem sie sich sogar bemühen, ultimate Antworten auf ihre Fragen zu geben.

Diese evolutionären Erklärungen der Geschlechtsunterschiede können letztlich auf einen Gedanken von Darwin zurückgeführt werden, dem die unterschiedliche Investition aufgefallen ist, die Elternteile aufbringen müssen, wenn sie Nachwuchs bekommen wollen. Die Investition von Frauen ist im Regelfall sehr viel höher – mit vielen Konsequenzen bei der Partnerwahl und der Kinderpflege.

Wer den Blick auf die zwei Geschlechter richtet, kann auch allgemein fragen: »Warum gibt es überhaupt Sex?« Warum ist die Natur (die Evolution) nicht bei dem vegetativen Verfahren der Vermehrung – der Teilung – geblieben, mit dem vermutlich alles Leben angefangen hat?

Zu diesen Themen haben sich viele Autoren in zahlreichen Büchern geäußert, sodass eine finale Antwort nicht zu erwarten ist. Trotzdem sei folgende Erklärung gestattet: Zwei Individuen haben aus proximater Sicht Sex, weil sich in ihnen dank hormoneller und anderer Prozesse das Verlangen nach diesem Verhalten regt, dessen evolutionärer (ultimater) Kontext – die Produktion von Nachwuchs – niemandem entgehen wird. Bei der geschlechtlichen Vermehrung können die Gene besser durchmischt werden als bei einer schlichten Teilung, was einen anderen biologischen Grund für den Verkehr der Geschlechter liefert, der darüber hinaus noch Spaß bereitet. Auch dahinter verbirgt sich ein evolutionäres Prinzip, das sich zu erörtern lohnt.

Zunächst aber wollen wir die oben angeführte Frageliste nach unserer Unterscheidung durchgehen.

Warum ziehen Vögel auf der Nordhalbkugel der Erde im Winter nach Süden? Zum einen, weil es in der kalten Jahreszeit zu wenig Insekten – also kaum Nahrung – in ihrem angestammten Lebensraum gibt, und zum andern, weil die Vögel mit einem evolutionär erworbenen Wahrnehmungssystem ausgestattet sind, das sie losfliegen lässt, sobald die Länge der Tage deutlich abgenommen hat.

Warum jucken Mückenstiche? Physiologisch reizen sie uns zum Kratzen, weil die Mücke nach ihrem Stich nicht nur Blut aus dem Körper saugt, sondern etwas Speichel mit ein paar Chemikalien in ihn einführt. Einige davon sorgen für das Jucken, das zwar lästig, aber trotzdem sinnvoll ist, damit wir überhaupt merken, dass uns Mücken angreifen und wir uns verteidigen. Die Evolution hat den Mücken zwar beigebracht, die Hautstelle zu betäuben, in die sie stechen. Aber sobald wir gestochen worden sind, fangen wir an, uns zu ärgern und zu wehren. Ohne das Jucken würden wir uns aussaugen lassen.

Warum sind die Augen von Asiaten anders geformt als die von Europäern? Physiologisch ist dafür ein (komplexer) Apparat zuständig, der die gesamte Formbildung des Körpers lenkt.

Die (ultimate) Frage lautet, warum er unsere Augen anders formt als beispielsweise die von Chinesen. Der evolutionäre Grund muss den Vorteil von kleinen Augenöffnungen erklären, was aus unserer Perspektive bedeutet, sich Situationen vorzustellen, in denen wir unsere »Fensterlein« zu Schlitzen umformen. Wir tun das bei Kälte, bei Sturm, im Schnee oder bei gleißendem Licht. Einer dieser Faktoren – oder eine Kombination aus ihnen – könnte ultimativ wirksam geworden sein.

Warum schwitzen wir? Weil dies ein guter Mechanismus der Haut ist, einen überhitzten (angestrengten) Körper abzukühlen. Raubtiere haben diese Fähigkeit nicht in diesem Maß entwickelt. Wenn sie – etwa von einer Verfolgungsjagd – erschöpft sind, müssen sie zur Abkühlung einen Schattenplatz suchen. Sie sind in dieser Zeit handlungsunfähig – was unseren schwitzfähigen Vorfahren die Chance gab, an die erlegte Beute zu kommen (ohne selbst gejagt zu haben).

Warum fragen Kinder so oft: »Warum«? Hier sei eine Gegenfrage gestattet: Warum nicht? Wenn jetzt jemand fragt, warum eine Frage mit einer Gegenfrage beantwortet wird, bekommt er dieselbe Antwort: Warum nicht?

Phylogenese und Ontogenese

Phylogenese meint wörtlich »Stammesgeschichte« und damit die vielen Entwicklungen, die zu den verschiedenen Stämmen am Baum des Lebens geführt haben, der selbst bei einer solchen wissenschaftlichen Wortbildung im Hintergrund präsent bleibt. Wer phylogenetisch arbeitet, versucht, verwandte Lebensgruppen in eine nachvollziehbare Systematik zu bringen, von der man dann annimmt, dass sie die Wege erkennen lässt, die dem sich entfaltenden (evolutionär diversifizierenden) organischen Treiben offengestanden haben.

Die Phylogenese erfasst die Evolution selbst (ohne ihren Mechanismus), und folglich bezieht sie sich auf das Leben allgemein. Ihr steht die Entwicklung gegenüber, die jedes einzelne Individuum absolvieren muss, um geboren zu werden und in der Welt herumlaufen, fliegen, schwimmen und krabbeln zu können. Jeder einzelne Mensch beginnt zum Beispiel als befruchtete und ziemlich formlose Eizelle, die sich immer wieder teilt, bis sie irgendwann die Gestalt annimmt, die Biologen als Embryo bezeichnen. Dieser Lebenskeim wächst stetig weiter und beginnt dabei, sich innere und äußere Organe zuzulegen und den Status eines Fötus anzueignen, aus dem schließlich das Neugeborene wird, das sein eigenes Leben beginnt.

Entwicklungsstufen der aufgezählten Art finden sich bei zahlreichen Tieren – beispielsweise Fischen, Salamandern, Schildkröten und Hühnern –, und als man im 19. Jahrhundert die Entwicklung der einzelnen Lebewesen (Ontogenese) untersuchte und die einzelnen Phasen verglich, fiel den Embryologen auf, dass bei vielen Tieren die frühen Stadien der Individualentwicklung sehr ähnlich verliefen.

Damit waren nicht nur die Formen gemeint, die unter dem Mikroskop aus dem lebenden Zellhaufen sichtbar wurden, sondern auch etwas anderes: Bei den Embryonen der Wirbeltiere – also auch der Menschen – konnten die Forscher zum Beispiel ein Stadium identifizieren, in dem seitlich der Kehle Kiementaschen angelegt werden. Diese Strukturen wandeln sich später bei den Fischen zu Kiemen, die sie ja auch brauchen, während beim Menschen die Taschen zu Eustachischen Röhren heranwachsen, die in unserem Kopf den Rachen mit den beiden Mittelohren verbinden (und die wir benutzen, um für einen Druckausgleich zu sorgen, wenn wir in einem Flugzeug sitzen, das bei der Landung rasch an Höhe verliert). Ein vier Wochen alter menschlicher Embryo verfügt neben der Kiemenanlage auch noch – wie alle Wirbeltiere – über einen Schwanz hinter dem After, wobei aber später von diesem Fortsatz nichts mehr zu sehen ist.

Die genannten und zahlreiche andere Vergleichspunkte, die Embryologen bei ihren Untersuchungen identifizieren konnten, legten nach der Verbreitung von Darwins Gedanken den Verdacht nahe, dass die Ontogenese – die Entwicklung eines individuellen Artgenossen – nicht ganz unabhängig von der Phylogenese – der Geschichte der Lebensformen – entstanden ist. Man vermutete sogar, dass das einzelne Werden vielfach das gesamte Werden »rekapituliere«. Diesen Verdacht bezeichnete man im englischen Sprachraum schlicht als »Rekapitulationstheorie«, während die deutschen Forscher gleich ein »biogenetisches Grundgesetz« am Werk sahen. Es sollte lauten: Die Ontogenese wiederholt die Phylogenese. Konkret – ein Säugetier durchläuft während seiner Embryonalphasen

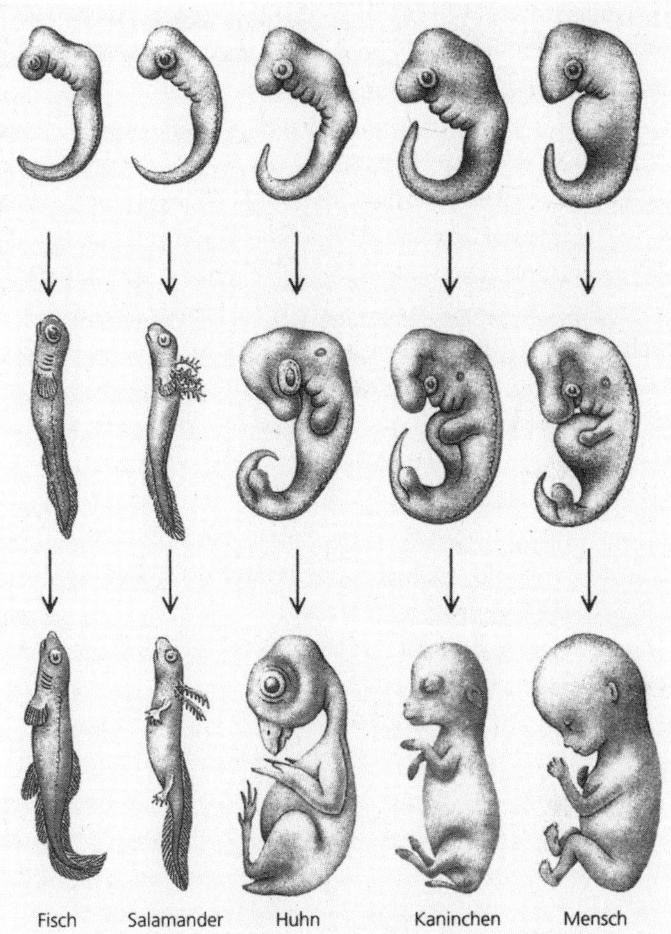

Abb. 11 Zu den berühmten Beobachtungen der Biologen des 19. Jahrhunderts gehört die Ähnlichkeit, die (von links) Fische, Salamander, Hühner, Kaninchen und Menschen in ihrer Embryonalentwicklung (Ontogenese) zeigen.

zum Beispiel erst ein Fisch- und dann ein Amphibienstadium, bevor es sich nach und nach über weitere evolutionär relevante Stufen kletternd seinen eigenen Formen mit ihren ausgewählten und überlebensrelevanten Funktionen zuwendet.

Heute ist klar, dass diese vor allem von Ernst Haeckel propagierte biogenetische Grundregel so viele Ausnahmen zulassen muss, dass sie nahezu obsolet geworden ist. Es gilt aber nach wie vor eine schwächere Verallgemeinerung, der zufolge Embryonen von verschiedenen Arten sich oftmals sehr viel ähnlicher sind als die dazugehörenden Erwachsenenformen. Und wir dürfen inzwischen hoffen, dass die unter Evo-Devo geschilderte Entdeckung homeotischer Gene allmählich zu erkennen geben wird, wie ein einmal etabliertes Verfahren zur biologischen Bildung eines Lebewesens abgewandelt werden kann, um danach andere – ebenfalls lebensfähige – Gestalten heranwachsen und werden zu lassen. Die in den homeotischen Genen steckende, von der Evolution sorgfältig bewahrte und uralte Information sorgt offenbar unabhängig von ihrem jeweiligen molekularen Ambiente dafür, dass sich funktionsfähige Körperformen – Flügel, Antennen, Finger – bilden können.

Phylogenese und Ontogenese wirken übrigens bei der Formentfaltung nicht immer und nicht notwendig in die gleiche Richtung. Sie können auch gegensätzliche Dynamiken des Gestaltens entwickeln – wie sich etwa bei der Kopfform erkennen lässt. Auf dem Weg vom Hominiden zum Menschen läuft die Veränderung der Kopfform phylogenetisch auf eine kleine Schnauze und eine höhere Stirn hinaus, während sie vom Neugeborenen zum Erwachsenen ontogenetisch oben flacher und unten ausgeprägter wird.

Der zentrale Unterschied zwischen den beiden verglichenen Entwicklungsmöglichkeiten besteht darin, dass die in-

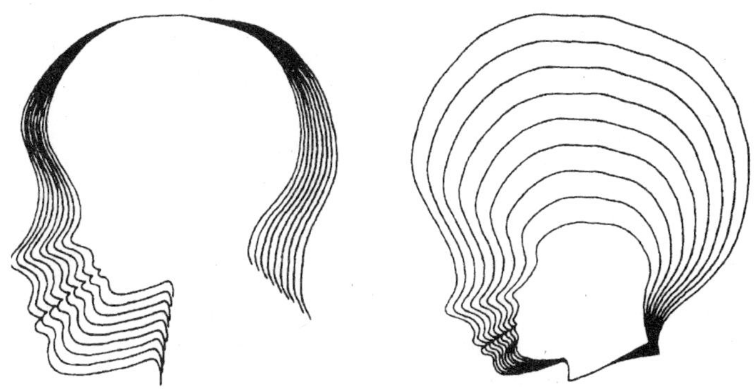

Abb. 12 Zwei Wege, einen Kopf zu bilden.

dividuelle (ontogenetische) Formbildung mithilfe eines im Erbmaterial vorhandenen Plans vonstatten geht, den wir bei dieser grandiosen Bewegung des ganzen Lebens nicht erkennen können. Dank den Genen und ihrer Informationen klappt die individuelle Hervorbringung von Leben auch schneller als bei der Evolution, die von Kontingenzen abhängig ist und sich treiben lassen muss (ohne getrieben zu werden).

Wer die Ontogenese lediglich als teilweise Rekapitulation der Phylogenese zu verstehen versucht, kommt möglicherweise nicht weit. Mir scheint, dass wir nur einen Aspekt der Evolution zu fassen bekommen, wenn wir fragen, welche festen Lebensformen sie generiert hat und hervorbringen kann. Sie muss als Prozess doch weniger die Organismen selbst und mehr die Abläufe im Blick haben, die zu ihnen führen. Das Leben ist ein Werden, das ständig weitergehen muss – und das ist der Evolution gelungen.

Eine biogenetische Grundregel könnte möglicherweise wie folgt lauten: Eine umfassende und sich frei entfaltende Bewegung (die der Evolution) bringt eine konzentrierte und an einer ersten (genetischen) Leine liegende Bewegung hervor (die der ontogenetischen Entwicklung). Unter dieser Vorgabe können wir dann fragen, was diese Dynamik als Nächstes hervorbringt. Vielleicht ist es die Kreativität unserer Kultur. Die Evolution kann sich in ihr fortsetzen.

CONDITIO HUMANA

Der bipolare Affe

Als der Gedanke der Evolution aufkam, stellten sich die Menschen, die davon hörten, mindestens zwei Fragen. Zum einen: Sind wir als Kulturwesen selbst noch von der natürlichen Selektion betroffen und eventuell in sie eingebettet? Oder anders ausgedrückt: Gibt es möglicherweise so etwas wie eine kulturelle Zuchtwahl, die den alten Kampf ums Dasein überformt und uns für die Zukunft präpariert? Und zum andern: Stammen wir tatsächlich vom Affen ab? Mit anderen Worten: Haben wir früher einmal der natürlichen Selektion unterlegen, und wirkt sie noch in einigen unserer Verhaltensweisen nach? (Und wenn ja, wie?)

Die erste Frage lässt eine Menge möglicher Antworten zu. Wer den naturfernen Kulturstatus des Menschen konstatiert, kann sich nicht unbedingt beruhigt zurücklegen und sagen, die Evolution des anderen Lebens gehe ihn und uns nichts an. Er muss vielmehr darauf gefasst sein, dass es Leute gibt, die in der menschlichen Ablösung von der Natur eine Katastrophe sehen, da durch unser Verhalten und somit in unserer christlich-abendländischen Gesellschaft mit praktizierter Nächstenliebe die Tüchtigsten nicht mehr in der Lage sind, das natürliche Recht des Stärkeren zu ihrem Vorteil zu nutzen. Unser Sozialsystem mit dem politisch verfügten und demokratisch gewählten Einsatz für Gerechtigkeit sorgt vielmehr dafür, dass die Ärmeren durchgefüttert werden und deren Zahl sogar noch überdurchschnittlich zunimmt, wie viele angesichts der zurückgehenden Kinderzahl der Wohlhabenden befürchten.

Wenden wir uns aber nun der zweiten Frage zu, die inzwischen gute, wenn auch überraschende Antworten erlaubt. Man kann nämlich zwei Arten von Antworten geben, wobei man die zweite wiederum zweiteilen muss, und zwar unabhängig davon, dass in beiden Fällen dasselbe herauskommt, nämlich ein »Ja«:

Ja zum einen – wir stammen selbstverständlich von Affen ab, aber nicht von den heute existierenden und seit langem der wissenschaftlichen Beobachtung zugänglichen Menschenaffen wie etwa den Schimpansen. Denn diese Tiere haben – wie unsere und andere Spezies auch – seit Millionen von Jahren eine eigenständige Entwicklung beziehungsweise ihre besondere Selektion erfahren. Wir teilen aber auf jeden Fall mit ihnen gemeinsame Vorfahren, die vor einigen Millionen Jahren gelebt haben, was zur nächsten Antwort auf unsere Frage führt:

Ja zum zweiten – wir stammen von Affen ab, wir sind eng mit ihnen verwandt, aber nicht mit *einer* Spezies, sondern mit *zwei* Arten. In uns steckt in Wirklichkeit ein Duo an äffischen Vorfahren. Wir sind – mit einem Wort des niederländischen Verhaltensforschers Frans de Waal – der bipolare Affe, und unsere beiden Verwandten aus dem Reich der Primaten (vgl. dazu die Klassifikationstabelle) könnten auch beim besten Willen verschiedener nicht sein: »Der eine ist ein bärbeißiger, in Aggressionsbewältigungsangelegenheiten ambitionierter Geselle«, und der andere »ein egalitärer Anhänger eines lockeren Lebensstils«, wie de Waal es einprägsam ausdrückt. Der eine – das heißt die Schimpansen, die zur Gewalt neigen und häufig auf dem Kriegspfad sind, und der andere – das meint die Bonobos, die früher (fälschlich) als »Zwergschimpansen« vorgestellt wurden. Sie leben als fröhlicher Haufen »mit einem gesunden Appetit auf Sex« und verdeutlichen mit ihrem Wesen, wie unsinnig die Behauptung ist, »dass wir Menschen ausschließlich blutrünstige Ahnen gehabt hätten.«

Zur Klassifikation der Art Homo sapiens
Reich – Tiere
Unterreich – Vielzeller
Stamm – Rückensaitentiere (Tiere mit Innenskelett)
Unterstamm – Wirbeltiere
Klasse – Säugetiere
Unterklasse – Plazentatiere
Ordnung – Primaten (früher: Herrentiere)
Familie – Hominidae (Menschenaffen und Menschen)
Gattung – Homo *(Menschen im engeren Sinn)*
Spezies – Homo sapiens *(der vernunftbegabte Mensch)*
Unterart – Homo sapiens sapiens *(der anatomisch moderne Mensch)*

Natürlich interessieren uns vor allem die Folgen dieser Verwandtschaft für die sich in vielen Verhaltensweisen zeigende biologisch bedingte und begründbare Natur des Menschen, aber zuvor wollen wir auf die genealogische Evidenz für die Behauptung hinweisen, die Darwin überrascht hätte. Er selbst und viele Forscher nach ihm haben den Menschen als eine unabhängige Abzweigung vom strammen Ast der früher als Herrentiere bezeichneten Primaten verstanden und gezeichnet. Die Mitglieder dieser Ordnung zeichnen sich unter anderem durch eine auffällige Kopfform aus – mit großem Gehirn bei kleiner Schnauze (und nicht umgekehrt, wie es manchmal bei heutigen Artgenossen anzutreffen ist) –, sie nutzen bevorzugt den Sehsinn, und der Nachwuchs kommt erst am Ende einer ausgedehnten Phase der Trächtigkeit zur Welt, der eine Zeit intensiver elterlicher Zuwendung zu folgen hat.

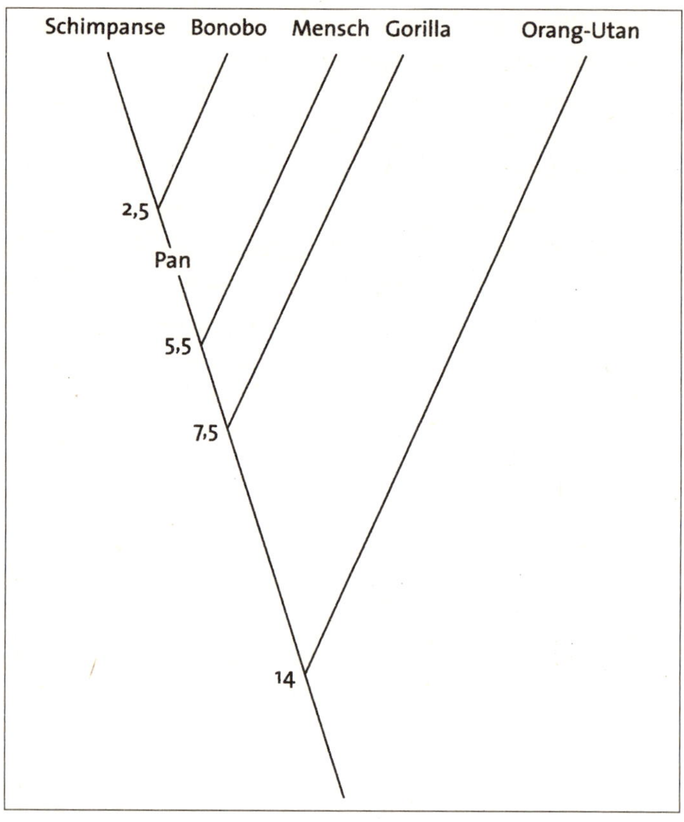

Abb. 13 Der Vergleich von DNA-Sequenzen erlaubt es, den hier abgebildeten Stammbaum zu entwerfen, der zeigt, dass sich die menschliche Linie vor etwa 5,5 Millionen Jahren von der Pan-Linie gelöst hat, während eine Trennung der Schimpansen und Bonobos erst 3 Millionen Jahre später erfolgte. Ihr Potenzial steckt, so gesehen, in uns. Wir sind der bipolare Affe.

Der derzeit akzeptierte und sich anders verzweigende Stammbaum des Menschen kommt mithilfe von genetischen Daten zustande, und die von ihnen abgeleiteten Äste lassen erkennen, dass Schimpansen und Bonobos zusammen eine Gattung bilden, die den Namen *Pan* trägt – wie der Hirtengott aus der griechischen Mythologie, ein Mischwesen aus dem Oberkörper eines Menschen und dem Unterkörper eines Ziegenbocks. Die Gattung *Homo* – die menschliche Linie – hat sich von dem Pan-Vorfahren vor rund fünfeinhalb Millionen Jahren getrennt – was manchen Primatenforschern so kurz erscheint, dass sie die Ansicht vertreten, das genannte Trio – Mensch, Schimpanse, Bonobo – gehöre eigentlich zu einer Gattung des Lebens.

Wir wollen jedoch diese Debatte nicht führen und unser Augenmerk auf den wichtigen Schluss konzentrieren, den die genetisch aufgespürte Verwandtschaft nahelegt – Schimpansen und Bonobos sind für die menschliche Evolution gleichermaßen relevant. Wir sind der bipolare Menschenaffe, wie Frans de Waal in *Der Affe in uns: Warum wir sind, wie wir sind* schreibt: »Wir haben sowohl den Schimpansen ins uns, der freundschaftliche Beziehungen zu anderen Gruppen ausschließt, als auch den Bonobo, der sexuelle Beziehungen und Groomen über die Grenze [zu anderen Gruppen] hinweg zulässt.« Möglicherweise lässt sich diese Feststellung mit dem viel zitierten Satz des Philosophen Friedrich Nietzsche zusammenführen, in dem der Mensch als »das noch nicht festgestellte Tier« bezeichnet wird. Wer die Angst vor Affen abstreift, erkennt in Nietzsches Aussage durchaus einen Sinn – der Mensch kann seiner Gestimmtheit nach Kriege führen und/oder Liebe machen, was ihm gerade angemessen erscheint. So gesehen war das »Make Love not War« der 1960er Jahre und ihrer Friedensbewegungen die Aufforderung an die Zeitgenossen, mehr dem Bonobo als dem Schimpansen in uns zu folgen, was offenbar sogar in unserer Macht steht. Wir sind tatsächlich nicht auf die eine oder andere Verhaltensweise festgelegt, sondern können flexibel reagieren.

Es ist nahezu unmöglich, mit simplen Erklärungen zu erläutern, was wir Menschen sind. Wir sind tatsächlich nicht einfach, sondern im wahrsten Wortsinn zweifach. Zwei Seelen wohnen in unserer Brust, wie schon die Klassiker wussten, und wir finden den Januskopf der menschlichen Natur, wo immer wir hinschauen, wenn wir uns nicht blind stellen.

Wir stehen zum Beispiel sowohl vor der Notwendigkeit, im eigenen Interesse zu handeln, als auch vor der Verpflichtung, mit anderen gut auszukommen. Unser Handeln wird de Waal zufolge sowohl von unserer Rationalität als auch von unserer Emotionalität beeinflusst: »Den uralten Drang nach Macht, Sex, Sicherheit und Nahrung können wir nur schlecht kontrollieren, aber gewöhnlich wägen wir das Für und Wider unseres Handelns ab, bevor wir ans Werk gehen.«

Vielleicht ist es etwas übertrieben zu behaupten, dass der Mensch (und sonst niemand) *der* bipolare Affe ist. Eine gewisse Janusköpfigkeit zeigen nämlich bereits die beiden Mitglieder der Gattung *Pan*, wie de Waal hervorhebt: »Auch wenn das Wesen des Schimpansen eher zur Gewalt und das des Bonobos eher zur Friedfertigkeit neigt, lösen Schimpansen Konflikte und konkurrieren auch Bonobos miteinander.« Beide Menschenaffenarten zeigen beide Tendenzen, »nur findet jede zu einer anderen Balance«. Wir sind beides, »systematisch brutaler als Schimpansen und empathischer als Bonobos«, und das heißt konkret, wir sind der »bei weitem bipolarste Affe«, den es unter der Sonne gibt.

Da Verhaltensforscher, die sich mit Krieg und Frieden oder Aggression und Versöhnung befassen, gewöhnlich rund neunzig Prozent ihrer Zeit beziehungsweise der Druckseiten ihrer Publikationen dem Kämpfen und der Ausübung von Gewalt widmen, soll hier stärker die Gegenseite, das Lieben, beleuchtet werden. Gemeint ist natürlich Sex (wofür es im Deutschen das abstoßende Wort Geschlechtsverkehr gibt), den man offenbar durch eine Verkehrsordnung in ruhige Bahnen lenken muss (was vielleicht sogar nötig zu sein scheint, wie noch deutlich werden wird).

Es ist wohl bekannt, dass die Bonobos – im Vergleich zu den Schimpansen – ein reges Sexleben praktizieren, bei dem Varianten zu beobachten sind, die dem evolutionären Denken ein Rätsel aufgeben. Nach Schätzungen der Primatenforscher haben nämlich drei Viertel der sexuellen Aktivitäten von Bonobos nichts mit der Hauptaufgabe der Evolution, der Reproduktion, zu tun. Zumindest nicht direkt, räumt de Waal ein: »Häufig finden [sexuelle Handlungen] zwischen Angehörigen desselben Geschlechts statt oder während der unfruchtbaren Tage des weiblichen Zyklus. Und dann gibt es noch viele [andere] erotische Verhaltensweisen, die nichts zur Fortpflanzung beitragen«, zum Beispiel Zungenküsse, Fellatio und das Massieren der Genitalien eines anderen.

Populäre Berichte über die Bonobos, in denen davon oftmals voll Entzücken erzählt wurde, mussten in der Öffentlichkeit den Eindruck hervorrufen, diese Affen seien krankhaft sexbesessen. Das trifft aber nicht zu. Sie haben, wie wir, nur gelegentlich Sex – allerdings öffentlich –, wobei die Kopulationsdauer sogar extrem kurz ist – vierzehn Sekunden messen die Primatenforscher im Durchschnitt. Der Alltag der Bonobos ist also de Waal zufolge keine endlose Orgie, wie die Regenbogenpresse gerne nebulös und beinahe neidvoll andeutet, es stellt vielmehr ein Sozialleben dar, »das mit kurzen Momenten sexueller Intimität gewürzt« wird.

Ein evolutionäres Problem, das dabei auftritt, bringt der lateinische Satz »Pater semper incertus est« zum Ausdruck, und in der Tat weiß ein Bonobomännchen nicht, ob er – oder ein anderer – der Vater eines Affenjungen ist, schließlich haben alle in einem Rudel so gut wie mit allen möglichen Partnern Sex. Ein zweites evolutionäres Problem steckt in der offenkundig lustvoll ausgelebten Homosexualität der Bonobos, die ja keine Reproduktion zur Folge haben kann. Wie konnte sich dieses Verhalten auf darwinschen Pfaden entwickeln?

Greifen wir zuerst den zweiten Punkt auf, der, wie erwähnt, gerne mit der Ausweitung der Selektion vom Individuum auf die Gruppe *(kin selection)* erklärt wird. Das scheint zumindest für Bonobos nicht ganz zuzutreffen. Wahrscheinlicher ist es, dass der Sexualtrieb, wenn er denn erst einmal über die Pflicht zur Fortpflanzung hinausgekommen war und Lustmomente in den Vordergrund treten konnten (eine Nebenfunktion wird zur Hauptsache), sich offen weiterentwickelt (diversifiziert) und dabei sein Ziel im selben Geschlecht gesucht hat. Homosexualität kann ebenso Lust bereiten wie das Liebesspiel von Mann und Frau, und als evolutionäre Fragestellung bleibt nur zu klären, wie und weshalb sich Darwins Prozess überhaupt so entfalten konnte, dass seinen Trägern dabei die Fähigkeit zum intensiven Genuss zuteil wurde. Das dazugehörige unübersehbare Lustprinzip wird zur Sprache kommen, wenn wir uns den Menschen nicht als bipolaren Affen, sondern als poetisches Tier vorstellen.

Bleibt in diesem Rahmen die evolutionär relevante Frage, wie es um die Gewissheit eines Affenmännchens bestellt ist, eigene – von ihm gezeugte – Junge zu versorgen. Bei den Bonobos kann es darüber allein deshalb nicht verfügen, weil die Weibchen zum einen keine äußerlichen Zeichen (etwa Genitalschwellungen) mehr für ihre Fruchtbarkeit geben und zum andern den ganzen Zyklus über Lust auf Sex haben. Dadurch und mit der erwähnten Promiskuität hat die Evolution bei den Bonobos gründlich dafür gesorgt, dass Männchen auf keinen Fall ihre Nachkommen kennen können. Bringt diese Unkenntnis irgendeinen Vorteil?

Eine gute Antwort darauf ist schon länger bekannt, wenngleich sie gewöhnungsbedürftig bleibt: Sie lautet – zur allgemeinen Überraschung auch der Wissenschaft –, dass durch die ungewisse Vaterschaft bei den Menschenaffen das unterbleibt, was sonst im Tierreich, Gottes großartiger Schöpfung, systematisch exerziert wird – Kindsmord nämlich. Wir hatten bei Löwen auf dieses Verhalten hingewiesen, das ein Männchen ohne jegliche Rücksicht auf die Bemühungen der Muttertiere zielgerichtet praktiziert, nachdem es ein Rudel übernommen hat. Der König der Tiere erreicht damit, dass die zu ihm gehörenden Weibchen schneller fruchtbar werden können – selbstverständlich von ihm.

»Kindsmord gilt als ein Schlüsselfaktor der sozialen Evolution«, wie de Waal schreibt, »da dabei Männchen gegen Männchen und Männchen gegen Weibchen« stehen, die nun überhaupt nichts zu gewinnen haben. Es liegt also in ihrem Interesse, dafür zu sorgen, dass die Vaterschaft unklar bleibt (und der Kindsmord keinen Gewinn mehr bringt). Aus diesem Grund vor allem gehen Bonoboweibchen auf die Angebote all der vielen Männchen ihrer Gruppe ein. Die weibliche Sexbereitschaft schützt die bereits geborenen Jungen davor, getötet zu werden. Die Schimpansen haben diesen Schutz nicht bewerkstelligt. Bei ihnen ist Kindsmord gut dokumentiert – wie bei den Menschen leider auch. Beinahe täglich erfährt man aus der Zeitung, dass Kinder verwahrlosen, verhungern oder tödliche »Unfälle« erleiden, wobei die Gefahr der Tötung steigt, wenn sie bei Stiefeltern leben oder auf einen Stiefvater treffen, der sicher sein kann, das Kind nicht gezeugt zu haben.

Machen wir etwas falsch, das die Bonobos richtig machen? Oder kommen solche Probleme unvermeidlich als Nebenwirkung der menschlichen Familie zustande, die uns die Evolution als Sozialstruktur zugewiesen hat? Das können wir erst wissen, wenn wir uns genauer mit ihr auseinandergesetzt haben.

Die physiologische Frühgeburt

Im Folgenden befassen wir uns mit der Sozialordnung des Menschen, der Familie, die sich um einen Kern herum bildet, also mit einem Menschenpaar, das Kinder bekommt. Nach Ansicht von Primatenforschern unterscheiden wir uns vor allem durch die hier praktizierte Paarbindung von den Menschenaffen, die aus vielen Gründen entstanden sein kann. Einer dieser Gründe, der schon früh auf einen wissenschaftlichen Begriff gebracht worden ist, soll hier besonders hervorgehoben werden.

»Die physiologische Frühgeburt« – als solche wurde der Mensch bereits in den 1950er Jahren vom Baseler Biologen Adolf Portmann beschrieben, als er »das neue Bild des Menschen« vorstellte, das die zoologische Wissenschaft damals zu entwickeln begann. Damit wird verdeutlicht, dass wir Menschen als hilflose Wesen auf die Welt kommen und für unser Überleben auf andere angewiesen sind – zuerst und vor allem auf unsere Eltern. Wenn Menschen mit der Geburt warten würden, bis ihr Gehirn seinen vollen Umfang oder wenigstens den Zustand erreicht hat, der Neugeborenen mehr Selbstständigkeit gibt, würde das Leben der Mütter zu stark gefährdet werden.

Eine physiologische Frühgeburt zu sein, enthält eine gute und eine schlechte Nachricht. Die gute lautet, dass sich jemand um uns kümmern muss und wir Erziehung und Unterweisung (und dazu eine Familie) brauchen. Die schlechte besagt, dass wir diese Versorgung tatsächlich bekommen, obwohl niemand weiß, wie sie im Idealfall auszusehen hat und was sie eigentlich bewirken soll. Natürlich hat die Zeit der Aufklärung mit ihren pädagogischen Bemühungen zu der Einsicht geführt, dass es darauf ankommt, jemanden zur Selbstständigkeit zu erziehen.

Damit muss man aber schon beginnen, wenn der oder die Erzogene sich noch gar nicht dafür entscheiden kann. Pädagogisch tätig werden kann also nur, wer annimmt, den einen richtigen Weg zu kennen, dessen Wahrheit die Zöglinge später – nach der Erziehung – einsehen können. Niemand würde heute für sich in Anspruch nehmen, diesen Weg zu kennen, woraus wahrscheinlich folgt, dass Erziehung – Bildung – nur funktioniert, wenn die Zöglinge mit einbezogen werden. Die besten Eltern lernen deshalb genauso von ihren Kindern wie diese von ihnen.

Portmanns Entdeckung besteht darin, dass Menschen bei ihrer Geburt kaum ein Viertel der Hirnmasse (von rund 1500 Gramm) haben, über die sie als Erwachsene verfügen. Schimpansen bringen immerhin vierzig Prozent und Kälber gar hundert Prozent ihres Hirngewichts mit, wenn sie auf die Welt kommen und losrennen, was wir auf keinen Fall können. Da unser Gehirn durch massive Schädelknochen geschützt ist, stellt die Kopfgröße den wesentlichen Risikofaktor bei der Geburt dar, was beim kopflastigen *Homo sapiens sapiens* dazu führt, dass wir als ziemlich unfertige Babys zur Welt kommen müssen, wenn unsere Mutter überhaupt Überlebenschancen haben soll.

Der Ausdruck »Frühgeburt« setzt voraus, dass es so etwas wie den theoretisch richtigen Zeitpunkt des beginnenden Lebens gibt, und Portmann wagt es, sich ziemlich präzise festzulegen: »Nach einem Jahr erlangt der Mensch den Ausbildungsgrad, den ein seiner Art entsprechendes echtes Säugetier zur Zeit der Geburt verwirklichen müsste. Würde also dieser

Zustand beim Menschen auf echte Säugerweise gebildet, so müsste unsere Schwangerschaft etwa um ein Jahr länger sein als sie tatsächlich ist.«

Mit anderen Worten: Der Mensch unterscheidet sich durch »Daseinsart« und »Lebensform« von den Tieren, um Portmanns Worte zu verwenden, denen er eine klare Bestimmung folgen lässt: »Umweltgebunden und instinktgesichert – so können wir in vereinfachender Kürze das Verhalten des Tieres bezeichnen. Das des Menschen mag demgegenüber weltoffen und entscheidungsfrei genannt werden.«

Es braucht zwar nicht mehr betont zu werden, welchem Organ wir diese Eigenschaften verdanken, man muss sich aber fragen, wie im Laufe der Evolution die größeren Gehirne entstanden sind, die den Menschen auszeichnen. Welcher Selektionsdruck hat vor wenigen Millionen Jahren dafür gesorgt, dass ein in der Welt befindliches Denkorgan nach der Geburt sein Gewicht »plötzlich« vervierfachen kann, während andere Primaten kaum über eine Verdopplung hinauskommen?

Natürlich gibt es keine eindeutige und allgemein überzeugende Antwort. Wer aber eine gibt, sollte nicht ohne einen Hinweis auf die Rolle der Nahrung auskommen, da es ungeheuer viel Energie braucht, um den Stoffwechsel des Gehirns in Schwung zu halten. Das heranwachsende Kind wird natürlich vollständig von seiner Mutter versorgt, und auch das Neugeborene bezieht seine Hauptenergie gewöhnlich aus der Muttermilch, wenn das Gehirn in den ersten Wochen nach der Geburt seinen schnellsten Gewichtszuwachs erfährt.

Diese Abhängigkeit macht uns praktisch zu Nesthockern, obwohl die vergleichende Entwicklungsbiologie der klassischen Form, wie durch Portmann vertreten, den Menschen theoretisch als Nestflüchter einteilt. So sind wir nicht nur physiologische Frühgeburten, sondern auch hilflose Nestflüchter, womit wir erneut bei dem Attribut hilflos sind, mit dem eine kleine Spekulation erlaubt sei. In einer feindlichen Umgebung – der Welt der Evolution und ihrer natürlichen Selektion – stellen Mutter und Kind nach der Geburt eine leichte Beute dar, und überlebt hat diese Einheit nur, wenn sie geschützt wurde, und zwar im Rahmen der Familie oder der Familienbande. Die Selektion hat gut daran getan, Frauen die Möglichkeit zu geben, von den vielen paarungswilligen Männchen diejenigen auszuwählen, die sich nach der Befruchtung nicht aus dem Staub machten. Mit anderen Worten, die Notwendigkeit, größer werdende Gehirne gemeinsam zu versorgen, hat genau diesen Trend zur Familie und sozialen Gemeinschaft gefördert. Eine physiologische Frühgeburt zu sein, hilft, wenn es darum geht, soziale Intelligenz zu fördern und damit das Wachstum des Gehirns. Wir kommen vielleicht hilflos zur Welt, aber nur, um hilfreich zu werden.

Familienleben

Menschen leben und überleben nicht allein, sondern in Familien, und das unterscheidet sie von den Affen. Das muss deshalb so betont werden, weil in der Kulturgeschichte gerne mit dem einsamen Urmenschen begonnen wird, dessen weibliche und männliche Ausgabe sich »zufällig vereinigen«, wie es etwa Jean-Jacques Rousseau in seiner *Abhandlung über den Ursprung des Menschen* von 1755 schreibt. Bei Rousseau zieht auch die Mutter ihr Kind »aus eigenem Bedürfnis« und ohne männliche Hilfe auf. Das tun vielleicht Orang-Utans, und wer es nicht anders will, kann diesen nicht geselligen Menschenaffen mit herumstreunenden und Samen verstreuenden Männchen zu seinem Vorbild machen. Aber er verpasst dabei die wesentliche Wendung, die die Evolution auf dem Weg zum menschlichen Familienleben eingeschlagen hat und den es zu verstehen gilt, nämlich die Einbindung des Mannes in die Verantwortung für die Familie, also seine Mitwirkung bei der Versorgung der Kinder, in deren Geburt zunächst und vor allem die Frau investiert hat. Wie konnten die Männer zur Mitarbeit motiviert werden?

Es muss zunächst eine Möglichkeit geben, jemanden überhaupt an sich zu binden. Dem – oder einem – proximaten Grund dafür scheinen die Biologen auf der Spur zu sein. Er besteht aus einem Hormon namens Oxytozin, dessen Bezeichnung durch die griechischen Wörter für »schnelle Geburt« inspiriert wurde. Es löst tatsächlich die Wehen aus, kann aber darüber hinaus noch viel mehr, was ihm in der Boulevardpresse einmal die Bezeichnung »Orgasmushormon« eingebracht hat. Oxytozin beeinflusst zudem die Beziehung von Mutter und Kind, den Umgang von Geschlechtspartnern und soziales Verhalten ganz allgemein – und zwar in Richtung einer Paarbindung. Genau nachweisen lässt sich das bei Präriewühlmäusen, die – wie der Mensch – in einer Weise und Häufigkeit kopulieren, die weit über das Maß hinausgeht, das für die Fortpflanzung nötig wäre. Wenn die Mäuschen damit zugange sind, setzen ihre Nervengewebe das Hormon frei, das sich dann offenbar in den Tieren so auswirkt, wie es sich die Befürworter der lebenslangen Einehe nur wünschen können. Die Präriemäuse bleiben nun ein Paar – ihr ganzes Leben lang.

Das heißt, so dachte man, bis festgestellt wurde, dass die Bindung nach etwa drei Jahren nachzulassen beginnt. Außerdem haben DNA-Analysen in jüngster Vergangenheit gezeigt, dass sich die weibliche Präriemaus schon mal gerne mit anderen Mäuserichen trifft, was aber an dem Zusammenleben mit ihrem »angetrauten« Partner nichts ändert. Insgesamt lassen sich bei den Mäusen Verhaltensweisen erkennen, die unseren vergleichbar sind, was man so deuten kann, dass die Evolution offene Angebote an ihre Kinder macht, die sie mit geeigneten Hilfsmitteln – Oxytozin zum Beispiel – annehmen und umsetzen können. Im männlichen Gehirn (gemeint sind jetzt die Abkömmlinge der Art *Homo sapiens*) erreicht das Hormon übrigens Spitzenwerte am Ende der sexuellen Aktivität, was man auch so auslegen kann, dass Oxytozin gerade noch kampfbereite Exemplare unserer Gattung mit einem Mal friedfertig und liebevoll stimmen kann. In solchen Momenten schwören wir gerne ewige Treue, und das Bemühen um diese Bindung ist genau das, was die Evolution vorangebracht hat.

Natürlich interessiert mehr, was der ultimate Grund ist, der die Menschen – vor allem die Männer – an einen Partner bindet und für das Entstehen der Kernfamilie als »Höhepunkt der menschlichen Sozialevolution« (de Waal) sorgt. Ein Hinweis könnte darin bestehen, dass in diesem übersichtlichen Rahmen die Ungewissheit für den Mann fast verschwindet, ob er der Vater des Kindes ist, für dessen Versorgung er aufzukommen hat. Durch diese Kenntnis werden Männer daran gehindert oder zumindest entmutigt, Kindstötungen zu begehen. Weiter wird spekuliert, »dass Männer dazu tendierten, die Frauen zu begleiten, mit denen sie sich gepaart hatten, um Rivalen mit Kindstötungsabsichten in Schach zu halten«, und dieses Arrangement konnte sich schließlich auf die gesamte elterliche Fürsorge ausweiten. »Die Frau wiederum hat vielleicht damit angefangen, Sex anzubieten, um ihren Beschützer davon abzuhalten, mit jeder gut aussehenden Passantin davonzurennen.« Nach und nach investieren also beide Geschlechter in die Gemeinschaft, aus der zuletzt eine feste Bindung – eine Ehe – wird, die bis heute als Grundlage unseres Zusammenlebens funktioniert und sowohl in unserem Rechtssystem geschützt als auch durch unsere Steuerordnung bevorzugt wird.

Das klingt alles harmonisch und mag auch letztlich (ultimat) richtig sein. Dem Literaturwissenschaftler Karl Eibl fehlt aber bei all diesen »Erklärungen« etwas Entscheidendes. Was in seiner Sicht der Dinge »die dominierende proximat-intentionale Motivation gewesen sein dürfte«, ist die Tatsache, »dass Sex auch Frauen Spaß macht«. Ihr Vergnügen lässt sich zwar nicht direkt zum Wohl der Selektion anführen, da Orgasmen außerhalb der fruchtbaren Tage nicht zur Fortpflanzung führen. »Aber indirekt ist die Wirkung umso größer, weil sie sich nicht nur auf die erfolgreiche Kopulation, sondern auch auf die Folgephase beziehen kann: Ein gut eingespieltes Pärchen, das (proximat) Freude aneinander hat, ist das (ultimat) ideale Team für die Aufzucht von Nachwuchs. Und hat damit die Chance, die genetische Disposition für solche Freude weiterzugeben.« Das ist der entscheidende Punkt für das Biologische.

Eibl riskiert es in diesem Zusammenhang sogar, das große Geheimnis der Liebe anzusprechen und nach dem biologischen Fundament dieser Himmelsmacht und ihrem Beitrag zur Entstehung der Familie zu fragen. Wenn die Wissenschaft sich solch einem eher poetischen und romantisch rasch verklärten Thema nähert, versucht sie, durch Unterscheidungen zu einem ersten Anhaltspunkt zu gelangen. Daher soll Liebe hier als bedeutsame biologische Erscheinung durch drei Handlungsschemata (Module) erfasst werden: durch den Sextrieb, die Attraktivität der geliebten Person und die Bindung an sie. Der Sextrieb versteht sich von selbst, die Bindung wurde am Beispiel des Oxytozins behandelt, bleibt noch ein Blick auf die Attraktivität, die für eine Individualisierung der Sexbegierde sorgt, was die Literatur oft verklärt als »Hangen und Bangen« oder »in seliger Pein« beschrieben hat. Die Verhaltensforschung bietet für diesen psychischen Ausnahmezustand inzwischen als Fachausdruck das Kunstwort »Limerenz« an, und die damit bezeichnete Zuneigung scheint ein universales Phänomen zu sein, das zum »Musterkoffer der Evolution« (Eibl) gehört.

Die Wissenschaft ist der Ansicht, dass alle genannten Liebesmodule »nicht nur beim Menschen, sondern bei allen Säugetieren und auch bei Vögeln am Reproduktionsgeschehen beteiligt [sind]. Unterschiedlich sind jedoch – je nach Spezies, Lebensalter und Lebensumständen (›Kulturen‹) – Art und Umfang der Kopplung und Kooperation zwischen den drei Modulen. Wenn die Brutpflege vom Weibchen allein erledigt wird, spielen nur Sextrieb und kurzzeitige Anziehung eine Rolle. Die Bindung bleibt auf Mutter und Kind beschränkt.

Doch je mehr Brutpflege eine Spezies braucht, desto stärker wurde in der Evolution das Bindungsmodul unterstützt und der Vater als Helfer mit eingeschlossen. Im Fall des Menschen entstand daraus die Familie.« Sie ist somit ganz gewiss keine kulturelle Erfindung, wie immer noch in bestimmten Wissenschaftskreisen behauptet wird, die systematisch die biologische Natur von Mensch und Gesellschaft leugnen. Die Familie ist eine biologisch begründete Tatsache, deren Zustandekommen im evolutionären Kontext verstanden werden kann.

Selbstverständlich konnten hier nur in knapper Form einige Grundelemente des Familienlebens angesprochen werden, und viele Aspekte mussten unberücksichtigt bleiben. Auf zwei Punkte soll aber noch hingewiesen werden, um ein Gefühl für evolutionsbiologisch orientierte Begründungen von Phänomenen zu bekommen, die damit auf den ersten Blick nichts zu tun zu haben scheinen. Gemeint ist zum einen die Inzestvermeidung, die manchmal auch als Inzesttabu diskutiert wird, und zum andern die Rolle der Großmütter, deren Existenz tatsächlich evolutionsbiologisch ein Rätsel darstellt. Gilt es doch zu klären, was, wie Eckart Voland in *Die Natur des Menschen* schreibt, »die Evolution veranlasst [hat], Großmütter in die Arena des Lebens zu schicken«, also herauszufinden, wie »sie diese Rolle genetisch fixieren [konnte], wenn sie doch mit Unfruchtbarkeit einhergeht?« Wie kommt es also, dass es Menschen gibt, die die Hälfte ihres Lebens noch vor sich haben, nachdem sie ihre evolutionäre Aufgabe des Kinderkriegens erfüllt haben?

Beginnen wir mit dem Inzest, also dem verbotenen Sex etwa zwischen Bruder und Schwester. Biologisch ist Inzestvermeidung höchst geboten, weil sonst wieder verloren würde, was die Entwicklung der Sexualität gerade erreicht hat, nämlich genetische Vielfalt hervorzubringen und zu vererben. Und tatsächlich – die Natur hat sehr wirksame Verfahren entwickelt, um Inzest nicht nur beim Menschen auszuschließen. So wird bei Löwen das dominante Tier eines Rudels abgelöst, bevor seine Töchter geschlechtsreif werden, und bei Menschen gibt es den von Edward Westermarck bereits 1891 erkannten »Westermarck-Effekt«, der in einer sensiblen Phase des jungen Lebens eintritt. Er bewirkt, dass frühe Vertrautheit später im Leben sexuelle Reizlosigkeit zur Folge hat (ohne dass die proximaten Mechanismen bekannt wären). Mit anderen Worten, Menschen, die in ihrer Kinder- und Jugendzeit miteinander gespielt haben, entwickeln in der Regel weder als Heranwachsende noch als Erwachsene irgendwelche sexuelle Neigung füreinander. Dies funktioniert in Familien, in denen Eltern und Kinder zusammenleben und sich vor allem die Geschwister auch einmal nackt über den Weg laufen. Es klappt aber auch in größeren Einheiten wie den israelischen Kibbuzim, in denen Mädchen und Jungen gemeinsam aufwachsen, ohne später das zu tun, was die Sozialreformer von ihnen wollten und erwarteten, nämlich zu heiraten und zionistische Pioniere zu zeugen. Wenn die familiären Umgangsformen beziehungsweise die historischen Umstände – wie etwa bei Ödipus und seiner Mutter Jokaste – dem »Westermarck-Effekt« keine Wirkungschance geben und eine »primäre Vertrautheit« ausbleibt, kann es zu den seltsamen Konstellationen kommen, von denen die Psychoanalyse und die Literatur – zumindest Teile von ihr – leben.

Wenden wir uns nun noch von den Erfahrungen der Jungen den Aufgaben der Alten zu und fragen danach, warum es für die Fitness förderlich ist, die menschliche Fortpflanzungsfähigkeit durch ein bestimmtes Alter zu begrenzen und die verfügbare Kraft den bereits vorhandenen Kindern zur Verfügung zu stellen und ihre Betreuung zu übernehmen. Die einfachste Idee besteht darin, dass mit einer zunehmenden

Zahl an Jahren das Risiko wächst, bei der Geburt zu sterben, was ein Kind (oder die Kinder) zwingen würde, mehr oder weniger allein zurechtzukommen – wenn man dem Vater die traditionelle Rolle zuweist, aushäusig für den Lebensunterhalt der Familie zu sorgen. Die Wechseljahre (Menopause) wären – so gesehen – eine Anpassung.

Aber so plausibel dies auch klingt, ganz zutreffen kann es nicht. Dafür stimmt die Physiologie der Reproduktion bei Schimpansenweibchen mit der bei Menschenfrauen allzu weitgehend überein. Evolutionsbiologen haben aus dieser biologischen Nähe einer relevanten Funktion den proximaten Schluss gezogen, dass das Ende der Menstruation und damit der Fruchtbarkeit, wie bei Voland nachzulesen ist, »keine biologische Angepasstheit, sondern eine evolutionäre Erblast aus der Vergangenheit der menschlichen Naturgeschichte« ist. Das Rätsel steckt also nicht in der Menopause, sondern in dem langen Leben danach, für das die Evolution nur bei Menschen, und nicht bei Schimpansen, gesorgt hat. Nun ist es – darauf hat die amerikanische Anthropologin Kristen Hawkes hingewiesen – immer besser zu helfen, als nichts zu tun. Sie stellt sich deshalb vor, dass Großmütter durch materielle und emotionale Zuwendungen Einfluss auf die Fortpflanzungsfähigkeit der Töchter nehmen, da diese jetzt eher abstillen und also erneut schwanger werden können. Auf diese Weise gelingt es den Frauen, tatsächlich fruchtbarer zu werden als die Weibchen ihrer äffischen Konkurrenten. »In dieser Sicht waren es also die Großmütter, die mit ihrem Beitrag zur Familienversorgung den evolutionären Sonderweg des Menschen […] eingeleitet haben.« Wobei sich niemand zu wundern braucht, wenn diese These nicht so einfach hingenommen, sondern kritisiert wird, und zwar von den Männern, die in dieser Rechnung gar nicht mehr auftauchen.

Wir wollen es dabei bewenden lassen, aber doch noch einen weiteren Punkt anschneiden, der mit der Tatsache zusammenhängt, dass die erfolgreiche Familie des Menschen in ihrer konkreten Erscheinungsform doch so klein bleibt. Sollten nicht in der Evolution jene Arten mehr Erfolg haben und stärker differenziert sein, die anders als wir viele Nachkommen mit möglichst kurzen Generationszeiten zur Welt bringen? Warum ist das Gegenteil der Fall? Warum sind gerade die Arten besonders entwickelt – und der Mensch gehört dazu –, die eine geringe Zahl an Nachkommen haben, die viel Zeit brauchen, um die wenigen Kinder in die Welt zu setzen, und die dann noch mehr Zeit aufwenden, um sie lebensfähig zu machen? Wie lässt sich dies im Kontext der Evolution erklären?

Die Lösung, oder zumindest ein Teil von ihr, steckt in den Genen beziehungsweise in der Tatsache, dass Organismen, die sich sexuell vermehren, zwei Exemplare (sogenannte Allele) eines Gens tragen, die unterschiedlich sein können. Wenn man annimmt, dass sich nicht beide Allele (Genkopien) gleichzeitig ändern und nur eins von ihnen eine Mutation trägt, die für die Evolution günstig ist, dann besteht die Aufgabe darin, ein Lebewesen in die Welt zu setzen, das zwei Kopien dieser Variante hat. So kann sie nämlich am besten zum Ausdruck kommen und von der Selektion erfasst und bevorzugt werden.

Die geeignete Strategie, um Gene mit günstigen Wirkungen nicht nur möglichst oft zusammenzubringen, sondern danach auch möglichst effizient zusammenzuhalten, besteht nun gerade in kleinen Fortpflanzungsgemeinschaften (Familien), wie eine genaue (mathematische) Analyse im Rahmen der Wissenschaft zeigt, die als Populationsgenetik bekannt ist. In Riesengemeinschaften (großen Populationen) zerstreuen sich geeignete Gene sehr rasch, bis sie völlig unauffällig werden. Genau hier liegt der Grund, warum Arten mit hohen Nachkommenzahlen weniger komplex werden als solche mit wenig Nachwuchs. Wenn aber die Zahl der Kinder klein ist – dies kommt noch hinzu –, muss jedes Einzelne von ihnen möglichst gut betreut und versorgt werden. Mit anderen Worten: Kleine Nachkommenzahlen und langsame Generationenfolge weisen in dieselbe Richtung, und so lässt sich in aller Kürze verständlich machen, was die Evolution an dieser Stelle hervorgebracht hat. Das Leben in Familien und der Abstand von ein paar Jahren, in denen wir Kinder bekommen, können als evolutionäre Strategien verstanden werden, die zu einem Endpunkt mit höherer Komplexität führen. An ihm sind wir angekommen.

Männer und Frauen

»Männer und Frauen passen einfach nicht zusammen. Man kann sie nur fruchtbar kreuzen.« So kann man es bei Loriot nachlesen, dem bekanntesten Komiker Deutschlands, aber der zitierte Satz ist keineswegs komisch. Er bereitet uns Probleme, weil er oberflächlich zutrifft. Mann und Frau sind nämlich wirklich »von Natur aus anders«, wie es im Titel des bereits erwähnten Buches heißt, das die durchgängig evolutionär argumentierende Entwicklungspsychologin Doris Bischof-Köhler über die Geschlechtsunterschiede geschrieben hat.

Solche grundsätzlichen Feststellungen vertragen sich nur wenig mit der Bedeutung der Familie, die eben gefeiert und erläutert wurde. Sie scheinen eher einen Ehekrieg als einen Ehefrieden erwarten zu lassen, und tatsächlich ist das Zusammenleben von Mann und Frau unter dem gesellschaftlich sanktionierten Dach der Einehe von Anfang an schwierig und voller Konfliktstoff gewesen. Zu einem wichtigen Aspekt dieses Themas gibt es einen netten Witz, den Thomas Cathcart und Daniel Klein in dem Buch *Platon und Schnabeltier gehen in eine Bar* erzählen, in dem sie ihre Leser einladen, »Philosophie durch Witze zu verstehen«: Moses steigt mit den Gesetzestafeln vom Berg Sinai herab, stellt sich vor das Volk Israel und verkündet: »Ich habe eine gute und eine schlechte Nachricht für euch. Die gute Nachricht lautet: Ich habe IHN runtergehandelt auf zehn Gebote. Die schlechte: Der Ehebruch ist immer noch drin.«

Die Zähmung der Sexualität – das ist ein Thema, das die Evolution zu lösen versucht hat, nachdem sich dank ihrer Hilfe die Familie konstituierte. Ein Thema jedoch, mit dem Gemeinschaften und Gesellschaften immer noch ringen. Offenbar ist dem großen darwinschen Prozess da etwas entgangen, was Frans de Waal durch den schlichten Satz auf den Punkt bringt: »Die Wirklichkeit lehrt uns, dass unsere Sozialordnung, die sich um die Kernfamilie dreht, und unsere Sexualität einfach nicht zueinander passen.«

»Nicht zusammenpassen«, »nicht zueinanderpassen« – wenn ein Forscher und ein Komiker mit fast denselben Worten beklagen, dass sich die Menschen und ihr Wollen nicht so recht vertragen, dann muss an diesen Befunden etwas Wahres sein, weshalb wir einige Aspekte dieses Zusammenpralls erörtern wollen.

De Waal hat vor allem die weibliche Sexualität im Auge, die Frauen zunächst einem Mann als Gegenleistung für seine Treue (und die damit verbundene Übernahme von Verantwortung für den Nachwuchs) anbieten, die sich aber nach und nach – durch den dazugehörenden Lustgewinn – weiter entfaltet, bis sie »fast unmöglich zu kontrollieren« ist, wie der Verhaltensforscher meint. Es wurde und wird ja dauernd versucht, Frauen einzuengen, früher zum Beispiel mit Keuschheitsgürteln und heute mit Verbotspraktiken, die vor allem das weibliche Geschlecht betreffen. Dazu zählt auch die Tatsache, dass wir in unseren Breiten sexuell aktive Frauen rasch als »Schlampen« beschimpfen, während wir den sich ähnlich verhaltenden Mann als »Weiberheld« zumindest heimlich beneiden.

Doch selbst wenn viele Menschen der verbreiteten Ansicht zustimmen, dass Männer von Natur aus polygam und Frauen eher monogam sind – die Daten sprechen durchaus eine andere Sprache. Von den Kindern, die in westlichen Krankenhäusern auf die Welt kommen, stammen nicht alle von den

Männern, die meinen, die biologischen Väter zu sein, wie DNA-Analysen in jüngster Zeit zeigen. Das muss Ehemänner beunruhigen, wenn ihre Frauen Nachwuchs zur Welt bringen mit der Folge, dass sich im Internet die Angebote für Vaterschaftstests häufen und den Gesetzgeber beschäftigen. Eine solche Möglichkeit wird auch diejenigen interessieren, die zur Zahlung von Alimenten verpflichtet sind, wobei wir uns fragen können, was deprimierender wäre: die Einsicht, doch nicht in der nächsten Generation genetisch vertreten zu sein, oder die Beobachtung, dass man für den Erfolg eines anderen auch noch bezahlen muss?

Unter evolutionären Gesichtspunkten könnte die erste Feststellung tiefer treffen, denn der Wunsch, seine Erbanlagen weiterzugeben, gehört sicher zu den genetischen Grundanlagen von allen Lebensformen. Wir haben gesehen, dass Menschen dies, anders als den Bonobos, am besten in Kleinfamilien gelingt, wodurch allerdings ein System entsteht, das uns neidisch auf das freizügig wirkende Sexualverhalten unserer Verwandten blicken lässt, da bei uns der dort praktizierte großzügige Partnerwechsel nicht zugelassen ist. Insgesamt muss die Sexualität des Menschen gezähmt werden, weshalb viele Kulturen den dazugehörigen Akt mit Sünde gleichsetzen und Genitalien in Ritualen verstümmeln lassen. Doch selbst wenn der Geist willig gemacht werden kann, das Fleisch bleibt schwach, und unsere Vorfahren mussten sich Verhaltensweisen wie Kooperation und Vertrauen einfallen lassen, um den Erfolg unserer familiengebundenen Lebensweise in der Evolution zu sichern.

Zu den Besonderheiten an Verhaltensweisen, die sich dabei entwickelt haben, gehört das, was in Fachkreisen als Asymmetrie der Paarungsbereitschaft bezeichnet wird, die allgemein bei Primaten zu beobachten ist. Damit ist nicht das vielfach kolportierte Stammtischwissen gemeint, dass die Männer eher dauernd, während die Frauen häufiger mehr und länger Sex wollen, sondern eine bei diesem Treiben eher weniger beachtete Ungleichheit, die ihren Grund in der Verfügbarkeit von Geschlechtspartnern hat.

Wir übergehen das keineswegs banale Rätsel, wie die Evolution es fertigbringen konnte, das Verhältnis von Männchen und Weibchen überhaupt einigermaßen ausgeglichen zu gestalten, wobei wir nicht den proximaten Grund meinen, der sich durch die Aufteilung von X- und Y-Chromosomen erklärt. (Das ultimate Problem steckt darin, dass auf den ersten Blick wenige Männchen oder ein paar Männer ausreichen, um viele Weibchen beziehungsweise Frauen zu schwängern, die entschieden wichtiger für die Reproduktion sind, weshalb Kriege zwar von Männern, aber um Frauen geführt werden.)

Wichtig ist, dass selbst dann, wenn das Geschlechterverhältnis eins zu eins steht, die Männchen einer Population unter Partnermangel leiden. Von den anwesenden Weibchen sind nämlich ständig viele unpässlich – zum Beispiel weil sie trächtig sind oder ihren Nachwuchs säugen und verpflegen. Männchen erfahren auf diese Weise an elementarer Stelle einen Konkurrenzdruck, dem sie keinesfalls ausweichen können. Diese schwierige Situation ist zwar kurzfristig mit Mühe verbunden, langfristig erweist sie sich aber als Vorteil. Der evolutionäre Gewinn besteht darin, dass sich die Männchen von Grund auf und früh an Rivalität gewöhnen und, was wahrscheinlich noch wichtiger ist, bei diesem Wettstreit mit der Erfahrung des Misserfolgs vertraut werden, die ihnen letztlich sogar eine besondere Stärke angedeihen lässt. In den Worten von Doris Bischof-Köhler: »Wer ständig gegen eine Phalanx von Rivalen anzukämpfen hat, der schafft das nur, wenn es längst seine Natur geworden ist, keine noch so geringe

Chance auszulassen und ständig ›am Ball‹ zu bleiben. Da bei einigermaßen realistischer Einschätzung der Lage die Situation oft die Mühe nicht lohnt, darf die Einschätzung eben auch nicht übertrieben realistisch sein. Die Neigung zu verhaltener Umsicht wird deshalb seltener im Genom von Männchen vertreten sein als unbedenkliches Draufgängertum. Eine gewisse Tendenz, die Dinge rosiger wahrzunehmen, als sie wirklich sind, ist eben hilfreich, um auch noch in aussichtslosen Situationen jenen entscheidenden Versuch zu wagen, der dann wider Erwarten doch zum Erfolg führt.«

Wir stammen folglich nicht von Männchen ab, die depressiv reagieren und aufgeben, wenn sie abgewiesen werden und bei ihrem Werben den Kürzeren gezogen haben. Denn – so Doris Bischof-Köhler in *Von Natur aus anders* – »Männchen, die dafür anfällig sind, haben wenig Aussicht, überhaupt je zur Fortpflanzung zu gelangen. Sie müssen einfach darauf eingerichtet sein, dass es nicht gleich beim ersten Mal klappt, und beim zweiten und fünften Mal auch noch nicht. Ein Männchen, das nach einigen vergeblichen Versuchen mit Stresssymptomen reagiert und aufgibt, hat eine sehr geringe Chance, diese Dünnhäutigkeit an Söhne der nächsten Generation zu vererben.«

Anders ausgedrückt: Wir stammen auf der männlichen Seite von Vorfahren ab, denen die Selektion die Fähigkeit verliehen hat, Abweisungen und Niederlagen hinzunehmen und abzuschütteln. Die Evolution wirkt bei dem oft als stark bezeichneten Geschlecht auf das hin, was als Misserfolgstoleranz bezeichnet wird, und zwar nur bei ihnen. Bei Weibchen gibt es einen solchen Selektionsdruck nicht, weil sie die Fortpflanzungsressourcen selbst kontrollieren.

Dieser oft übersehene Unterschied wird hier betont, weil er wie kein zweiter dafür sorgt, »unter modernen Berufsbedingungen die Chancengleichheit der Geschlechter [zu] beeinträchtigen«, wie im Folgenden erläutert wird.

Die Literatur beschreibt bekanntlich beliebig viele andere Unterschiede zwischen den Geschlechtern (vgl. die Anekdote): die verschiedenen Spielsachen, die sich Jungen und Mädchen greifen; das unterschiedliche Eingehen auf Unfallopfer (Männer beheben bevorzugt den körperlichen Schaden, während Frauen auch seelische Verletzungen berücksichtigen); differenzierte sprachliche Fähigkeiten, zu deren Ausübung Frauen beide Hirnhälften einsetzen; unterscheidbare Qualitäten in der räumlichen Orientierung, die Männer oft schneller in die Lage versetzen, sich in einer fremden Stadt zurechtzufinden. Von den vielen Möglichkeiten sei nur eine herausgegriffen, und zwar der psychische Umgang mit Erfolg und Scheitern, weil er, wie angedeutet, eine schwerwiegende Folge für die Gegenwart hat, auch wenn hier eine der »am wenigsten gewürdigten Problemquellen« unseres modernen Lebens liegt, wie Bischof-Köhler betont.

Eine Anekdote

Jemand, »der in einer modernen Partnerschaft mit der Mutter seines Sohnes zusammenlebt, erzählte […] die folgende Geschichte: Gemäß den Erziehungsmaximen des Paares sollte der Junge durch das Spielzeugangebot nicht auf die männliche Rolle festgelegt werden, also erhielt er auch eine Puppe. Und siehe da, er spielte mit ihr. Da sie aus Plastik war, konnte er sie in die Badewanne mitnehmen. Was er allerdings dort mit ihr anstellte, entsprach nicht so recht der elterlichen Erwartung: Sie hatte am Rücken ein Luftloch; durch dieses ließ er sie mit Wasser volllaufen und benutzte sie anschließend als Spritzpistole« (erzählt von Doris Bischof-Köhler).

Die früh in der Evolution von den Männern erworbene Misserfolgstoleranz führt bei unserer Spezies – so die Grundthese, für die viele Beobachtungen sprechen – zu dem Verhalten von männlichen Exemplaren, das wir als Selbstüberschätzung kennen. Dem steht auf der weiblichen Seite ein häufiger Mangel an Selbstvertrauen gegenüber. Die empirische Evidenz dazu stammt aus Erfahrungsberichten wie dem folgenden, der ein unterschiedliches Wettbewerbsverhalten von Zehnjährigen erkennen lässt. Dabei kommt es nicht auf das umkämpfte Problem an – in dem Fall das Buchstabieren von komplizierten Worten –, sondern darauf, dass immer paarweise gestritten wird. Wer meint, das angebotene Wort – zum Beispiel Mississippi oder Katarrh oder Bourgeoisie – meistern zu können, darf sich, wie Bischof-Köhler darlegt, melden, um sein Glück zu versuchen: »Ließ man Mädchen gegen Mädchen antreten, dann meldeten sich die Betroffenen nur, wenn sie wussten, dass die Kontrahentin nicht besser war als sie selbst. Wetteiferten dagegen die Jungen untereinander, dann war das ganz anders; sie meldeten sich auf jeden Fall [...], hielten an dieser Strategie selbst nach wiederholten Misserfolgen fest und ließen sich auch nicht davon abbringen, wenn sie [...] von den anderen ausgelacht wurden. Man kann sich leicht vorstellen, was passierte, als Jungen gegen Mädchen antraten. Letztere meldeten sich auch dann nicht, wenn sie wussten, dass sie besser waren als der Kontrahent.«

Das mangelnde Selbstvertrauen von Mädchen fördert unsere Gesellschaft zusätzlich dadurch, wie empirisch vielfach belegt werden konnte, dass Jungen sowohl im Kindergarten als auch in der Schule mehr Aufmerksamkeit geschenkt wird als den Mädchen – was unter anderem dadurch zustande kommt, dass sich Knaben auch dann melden, wenn sie eigentlich nichts zu sagen haben. Zudem entwickeln Jungen das Gefühl, einen eventuell eintretenden Erfolg als Auswirkung des eigenen Könnens zu betrachten, während Mädchen die umgekehrte Tendenz zeigen, nämlich bei einem Misserfolg die eigene Unfähigkeit dafür verantwortlich zu machen. Jungen schieben ihr Scheitern auf die Umstände oder andere Beteiligte. Sie attribuieren external, wie es in der Fachsprache heißt, was die Mädchen, erneut völlig anders reagierend, bei Erfolgen tun. In diesem Fall denken sie, dass sie Glück gehabt haben, und kommen kaum auf die Idee, dass die eigene Leistungsstärke der Grund sein könnte.

Warum – so lautet die jetzt drängende Frage – halten Frauen so wenig von ihren eigenen Fähigkeiten? Das ist ein weites Feld, wie Theodor Fontane den alten Briest sagen lassen würde, ein Feld, auf dem Familiengewohnheiten – Lob bekommen eher die Knaben, während der Tadel die Mädchen häufiger trifft – ebenso in Betracht zu ziehen sind wie allgemeine soziale Umgangsformen. In aller Kürze kann man mit dem Hinweis antworten, dass wir in einer Gesellschaft leben, in der grundsätzlich das Männliche höher bewertet wird, wie wir selbst bei Anreden verinnerlicht haben und praktizieren. Einem »Herrn« entspricht zwar eine »Dame«, doch wenn wir jemanden anschreiben, benutzen wir trotzdem die Anrede »Verehrte gnädige Frau« und niemals »Geehrter Mann«. (Und dass die beiden Worte »herrlich« und »dämlich« dasselbe meinen, wird wohl niemand behaupten.)

Im Männlichen bewundern wir Tätigkeiten, die mehr öffentliche Aufmerksamkeit auf sich ziehen (und um die sich die Herren der Schöpfung bis heute reißen, etwa wenn Festreden zu halten sind oder im Garten gegrillt und das Fleisch verteilt wird). Frauen mögen über die größere Kompetenz verfügen, sie bekommen aber nicht die Beachtung, die Männern zuteil wird, wenn sie sogar nur lärmen und scheitern. Von Urzeiten an wirken die Frauen im Stillen und unspektakulär – ihr Tun lässt sich durch Ausdauer, Beharrlichkeit und Sorgfalt charakterisieren. Männer agieren gern theatralisch: Wenn sie auf Beutejagd gehen und mit einem Stück Fleisch zurückkommen, herrschen Spannung und Begeisterung, man lobt ihre Entschlossenheit, ihre Energie und Durchsetzungskraft und beklatscht ihr Heimkommen. Die Kompetenzbereiche von Frauen mögen vielfältiger und umfangreicher sein. Sie sind auf jeden Fall unauffälliger und daher weniger geeignet, an die große Glocke gehängt zu werden.

Zudem können heute die Tätigkeiten, die früher in die alleinige Verantwortung von Frauen fielen, also neben dem Versorgen der Kinder das Herstellen und Reinigen von Kleidern, das Anlegen von Vorräten, das Putzen der Wohnung und anderes dieser Art, für wenig Geld von Dienstleistern übernommen werden. Was der dümmste Mann schafft, kann keine Frau mehr locken. Sie werden deshalb gezwungen, sich andere Bereiche für ihre Fähigkeiten zu suchen, und damit tritt eine Situation ein, die, wie es bei Bischof-Köhler heißt, »sowohl von den [evolutionären] Voraussetzungen her als auch historisch gesehen [...] ein Novum« ist, nämlich die, »dass die beiden Geschlechter miteinander beruflich konkurrieren«. Bisher agierten Männer und Frauen auf unterschiedlichen Tätigkeitsfeldern, jetzt »geraten sie unvermeidlich in Konkurrenz« miteinander, und »darauf sind weder Männer noch Frauen vorbereitet«, da sie ja unterschiedliche Verhaltensweisen entwickelt haben, um sich durchzusetzen.

Seitdem Männer und Frauen in dieselben Berufe drängen, bemühen sich Politik und Gesellschaft darum, die vielfach beschworene Chancengleichheit zu garantieren. Sie hilft aber gerade denen nicht, denen sie zugedacht wird, da aus den angeführten evolutionsbiologischen Gründen die Männer, wenn sie mit Frauen um die gleichen Positionen streiten, mit unfairen Vorteilen an den Start gehen: Männer können sich meistens besser in Szene setzen, sie verfügen über eine oft unberechtigte, aber auf jeden Fall ungebrochene Selbsteinschätzung, und sie stecken Misserfolge locker weg, indem sie die Gründe für ein Scheitern nicht bei sich suchen, sondern auf widrige Umstände schieben. Frauen hingegen neigen häufig dazu, an ihren Fähigkeiten zu zweifeln, und reagieren sensibel auf Abweisungen, für die sie eigene Mängel verantwortlich machen.

Gleichberechtigung kommt nicht zwangsläufig zustande, wenn beide Geschlechter die gleichen Startbedingungen bekommen. Das gilt im Leben so wenig wie beim Hundert-Meter-Lauf, bei dem Männer stets schneller laufen werden. Gleichberechtigung kann es nur geben, wenn sich Frauen wie Männer um ihre Entfaltung in Bereichen (Berufen) bemühen können, die nicht schon ab- oder aufgewertet sind, sondern als gleichwertig angesehen werden, ohne dass sie uns gleichgültig sind.

Das poetische Tier

Animal poeta – mit diesen lateinischen Worten betitelt der Literaturwissenschaftler Karl Eibl sein Buch, in dem er »Bausteine der biologischen Kultur- und Literaturtheorie« zusammenträgt. Eibl übergeht zwar einen besonders großen Vertreter der von ihm untersuchten Zunft – Thomas Mann –, aber eine Bemerkung aus den Tagebüchern des Schriftstellers drückt wohl aus, was den Germanisten dazu gebracht hat, die von ihm erkundete Welt des Geistes aus dem Geist der Biologie heraus verstehen zu wollen. Es geht um den Eintrag, den Thomas Mann am 6. Oktober 1951 nach einem Besuch des Museums für Naturgeschichte in Chicago in sein Tagebuch machte: »Unermüdet von diesem Schauen. Keine Kunstgalerie könnte mich so interessieren.« Thomas Mann bewundert in den biologischen Sammlungen des Museums faszinierende Querschnitte von »sehr frühen Muscheln in feinster Ausarbeitung des Gehäuses«, er schaut auf »wunderschöne zoologische Modelle aller Art« und betrachtet die eindrucksvollen »Skelette der Reptil-Monstren und gigantischen Tiermassen«, die früher die Erde beherrschten. Dies ergreift ihn ungemein, und im ungestörten Gegenüber mit diesen Figuren und den vielen dazugehörigen Bildern, die dem Betrachter die Entwicklung des Lebens und die Evolution des Menschen vor Augen führen, wird der Schriftsteller immer tiefer berührt. Er empfindet ein ungeheures Vergnügen. Ihn überkommt »etwas wie biologischer Rausch«, und mit überraschender Deutlichkeit erfasst ihn das »Gefühl, dass dies alles meinem Schreiben und Lieben und Leiden, meiner Humanität zum Grunde liegt«.

In der Tat, »dies alles«, was die Biologen seit Darwin unter dem Aspekt des evolutionären Werdens erkunden, stellt die Grundlage dar, aus der die humane Existenz ihre Qualität bezieht, auf der sie die Künste und die Wissenschaften aufbaut. Es lohnt sich, die Entwicklung und Ausprägung unserer Kultur unter diesem nur scheinbar nebensächlichen Aspekt zu betrachten. Eibl versucht dies in seinem Entwurf, der grundsätzlich »ein Zusammenwirken von genetischen Dispositionen und kultureller Umwelt« unterstellt, das gelingen kann, wenn evolutionär bedingtes Verhalten mit Informationen zusammentrifft, die der zweiten Natur des Menschen – eben seiner Kultur – entstammen. Der literarisch versierte Forscher richtet seine Aufmerksamkeit vor allem auf die Sprache, die es aus sicher höchst einfachen Anfängen wie Warnlauten geschafft hat, poetische Glanzleistungen wie Goethes Gedicht »Über allen Wipfeln ist Ruh« hervorzubringen. Dies gibt ihm zugleich die Gelegenheit, sich an eine zentrale Frage der evolutionären Bedingtheit von menschlicher Kultur heranzuwagen, »die Frage einer biologischen Begründung des ›interesselosen Wohlgefallens‹«. Damit wird die Formulierung zitiert, mit der Immanuel Kant im 18. Jahrhundert definiert hat, was Menschen als schön empfinden, nämlich das, was sie mit interesselosem Wohlgefallen betrachten.

Diese Worte stellen natürlich nur eine von vielen möglichen Festlegungen von »Schönheit« dar, sie reichen aber als Herausforderung für einen evolutionär argumentierenden Wissenschaftler aus, der ja erklären muss, wie es dazu kommt, dass in einem Prozess, der gewöhnlich als Kampf ums Dasein gedeutet wird, bei dem Klauen und Zähne sowie Hauen und Stechen eine Rolle spielen, bei dem überall Konflikte lauern und Kriege geführt werden, auf einmal zarte Formen zu finden, leichte Verse zu hören und große Kulturleistungen zu bewundern sind. Die Antwort von Eibl, der wir uns anschließen, klingt überzeugend und biologisch plausibel. Sie beginnt mit der Beobachtung, dass Organismen der ständig wirkenden Selektionskraft nicht nur durch ihren nötigen Überlebenskampf ausgesetzt sind, sondern auch durch den Dauerstress, den sie dabei zu spüren bekommen und der enorme Einbußen an Vitalität mit sich bringt, wie die moderne Wissenschaft anhand von geschwächten Immunsystemen und der damit gesteigerten Anfälligkeit für Infektionen nachweisen kann: »Der Dauerstress ist damit ein herausragender Selektionsfaktor. Und die Quellen der Entspannung (Relaxation) sind herausragende Adaptationen, die in der Evolution deshalb schon früh angelegt und verstärkt wurde: Die Glückserfahrungen harmonischen Zusammenlebens, informationelle Sicherheiten, wie sie die Religion gewährleistet, und ästhetische Lust, wie sie als Basis von Kunst und Literatur wirkt. So kann vonseiten der Kunst- und Literaturwissenschaft das biologische Menschenbild um die Facette eines ›natürlichen‹ Bedürfnisses nach Glück, Sicherheit und Lust bereichert werden.«

Es gibt natürlich zahlreiche, oftmals elegante Vorschläge, das evolutionäre Entstehen menschlicher Kunstfertigkeit zu verstehen und mit ihm das Allgegenwärtige der ästhetischen Bedürftigkeit von Mitgliedern unserer Art zu erfassen. Dabei spielt sicher die alte, bereits skizzierte Unterscheidung zwischen natürlicher und sexueller Selektion eine Rolle, die auf Darwin zurückgeht und die Männer dazu bringen kann, Fähigkeiten (Kunstfertigkeiten) zu entwickeln, mit denen sie die weibliche Wahl gewinnen, um anschließend Nachwuchs zeugen zu können. Dazu zählt auch eine Präzisierung dieser selektiven Differenz in Form des Handicap-Prinzips, demzufolge gerade solche Merkmale Vorteile bei der Partnerfindung bringen, die möglichst dysfunktional (wie das legendäre Pfauenrad) sind und mit ihrer nutzlosen Pracht prahlen, um so zu demonstrieren, welche Reserven man nach dem gewonnenen Überlebenskampf noch übrig hat.

Diese Vorschläge haben bei aller sachlichen Berechtigung und Wirksamkeit nur wenig mit dem angepeilten interesselosen Wohlgefallen zu tun, zu dessen Verständnis wohl doch der Stress herangezogen werden muss, den die Lust uns versüßt.

Das wissenschaftliche Fachwort »Stress« stammt aus den dreißiger Jahren des 20. Jahrhunderts, als der Mediziner Hans Selye den körperlichen Zustand der Anspannung benennen wollte, der zu gesundheitlichen Beeinträchtigungen wie beispielsweise Bluthochdruck führen kann. Deshalb denken viele Menschen, wenn von Stress die Rede ist, eher an dessen negative Auswirkungen. Sie übersehen dabei die Möglichkeit, ihn als »eine evolutionär sehr präzis auf kurzzeitige Leistungsanforderungen ausgerichtete Adaptation« zu deuten, wie Eibl vorschlägt. Damit meint er eine Anpassung, die etwa bei nötigen Fluchtreaktionen hilft, unsere letzten Kraftreserven zu mobilisieren.

So nützlich die Erfahrung von Stress sein kann, so schädlich wirkt sich Dauerstress aus, und die Evolution war gut beraten, diesem Faktor etwas entgegenzusetzen: die Lust. Der Dauerstress des Menschen hat nicht nur damit zu tun, dass er sich unentwegt in anstrengenden Wettbewerben oder -kämpfen behaupten muss, sondern damit, dass wir gelernt haben, Zeitmanagement zu betreiben. In seinem Rahmen treffen wir Vorsorge, wobei die Betonung auf der Sorge liegt. Wir sorgen uns tatsächlich unentwegt, wie sich jeder an Beispielen aus seinem Alltag klarmachen kann, und uns bleibt keine Wahl, weil wir wissen, dass die Zukunft offen und unvorhersehbar und nur eines unausweichlich ist, nämlich unser Tod – ein Gedanke, der nicht gerade stressabbauend genannt werden kann.

Die Evolution hat während der Menschwerdung darauf reagiert, wie Karl Eibl weiter ausführt, denn »wenn ein besonders begabter *Homo sapiens* spannende Geschichten erzählt oder einem getrockneten Schafsdarm seltsame Töne entlockt, wenn man Spottlieder über die ängstlichen Nachbarn singt und in gemeinsamen Spielen den Leoparden und die Schlange imitiert und tötet, dann hat das alles diese evolutive Wirkung: Die Gemüter werden entspannt, das Immunsystem wird gestärkt, und auch die Keimdrüsen tun wieder ihre Schuldigkeit. Das ist der Ursprung der Adaptationen, auf denen die ›höhere‹ Kultur beruht.«

Wenn einer sich jetzt kritisch fragt, wie das alles so schnell oder überhaupt in die Gene kommen kann, dann lautet die mögliche Antwort, dass dies wohl über das Epigenetische gelingt, auf dessen Existenz und Erforschung wir hingewiesen haben. Gerade Stress kann, wie angedeutet und wie Experimente zeigen, Spuren im Erbgut hinterlassen, die sich nicht als DNA-Sequenz, wohl aber in deren Modifikation zeigen und auf diese Weise zu einer Person und ihren Kindern gehören. Die Lust beziehungsweise das Verlangen nach ihr wird sich ebenso epigenetisch etablieren können.

Die Forschung hat auch hier wieder bei den Risiken und Schädigungen begonnen, die sie von ihrer Natur her mildern und mindern will. So wie sie zunächst die menschliche Aggression und danach erst unsere Freude an versöhnlichen Handlungen ins Visier nahm, hat die Wissenschaft primär ihr Augenmerk auf den unangenehmen Stress gerichtet, bevor sie Lust auf die Lust bekommen hat. Sie wird auch sie eines Tages als epigenetische Qualität quantifizieren und dann den vollzogenen Gedankengang des evolutionären Werdens molekular anbinden können.

Eine vielfach belastete Seele entspannt sich also im Glücksgefühl und bei der Lust, die proximat von den Biologen durch Dopamin und andere Neurotransmitter im Gehirn und ultimat von Eibl als Faktor der Stressbewältigung erklärt wird: »Man kann sich das Wirken von Lust als ein Begleit- oder Kommentargefühl vorstellen. Das Belohnungs- oder Verstärkungssystem klopft uns bei allen nützlichen Verrichtungen noch zusätzlich auf die Schulter. Und sogar wenn wir Unnützes tun, kann es sein, dass es uns belohnt. So entsteht in uns ein Zustand, den man mit Fug als ›interesseloses Wohlgefallen‹ bezeichnen kann«, also das, was wir zu erklären angetreten sind.

Die Kulturwissenschaftler können sich mit dieser Vorgabe nun an die Aufgabe machen, die Quellen der ästhetischen Lust ausfindig zu machen, die wir genießen – unsere Vorliebe für bestimmte Landschaftsformen, die Existenz von musikalischen Ohrwürmern, das Vergnügen an Witzen und Wortspielen, die Faszination durch das Symmetrische und vieles mehr, das uns von Schönheit sprechen lässt. Sie sollten dies aber nur in Angriff nehmen, wenn es ihnen nicht zu viel Stress bereitet. Es muss schon Lust machen, wenn es gut werden und uns gefallen soll.

Die Evolution im Kopf

»Alle Menschen streben von Natur aus nach Wissen«, wie sich schon bei Aristoteles am Anfang seiner *Metaphysik* nachlesen lässt. Er begnügt sich jedoch nicht mit dieser einleitenden Feststellung, sondern begründet, warum wir so sind. Wir wollen nämlich wissen, weil wir »Freude an den Sinneswahrnehmungen« erfahren können, unter denen Aristoteles das Sehen heraushebt. Mit diesem erst sinnlichen und dann sinnvollen Aufnehmen und Innewerden der äußeren Welt – dem Erleben ihrer Schönheit, wie es sich auf im Sonnenlicht leuchtenden Wiesen voller Blumen oder beim Blick zum nächtlichen Himmel mit seinem Sternenmeer vollziehen kann – spricht der Philosoph den ästhetischen Genuss an, wie das griechische Original seines Textes verrät, in dem das, was die Sinne uns ermöglichen – die Wahrnehmung –, *aisthesis* heißt.

Erst kommt die ästhetische Neugier, und aus ihr erwächst nicht nur das Vergnügen am Wissen, wie man es an Kindern beobachten kann, sondern aus ihr entspringen auch unsere moralischen Qualitäten, wie ebenfalls bei Aristoteles nachzulesen ist. Je besser wir nämlich individuelle Unterschiede an anderen oder an einem Anderen wahrnehmen können, desto moralischer verhalten wir uns ihm gegenüber. Das lässt sich leicht nachvollziehen, wenn wir im Geiste die Reihe der Organismen von den störenden Insekten bis zu den umsorgten Haustieren durchgehen, die für ihre Halter ein unverwechselbares Gesicht haben.

»Die Ästhetik ist die Mutter der Ethik«, wie der mit dem Nobelpreis für Literatur ausgezeichnete Dichter Joseph Brodsky diesen umfassenden Sachverhalt einmal auf eine knappe Formel gebracht hat. Für eine solche Bestimmung des Menschen und seiner Handlungsgründe lassen sich mehrere evolutionäre Konsequenzen finden, von denen Brodsky in seinem Essayband *On Grief and Reason* eine angibt. Er formuliert sie als »unbescheidenen Vorschlag« (»an immodest proposal«) mit Begriffen, die im wissenschaftlichen Kontext nicht unproblematisch zu benutzen sind: »Nun, der Zweck *(purpose)* der Evolution besteht weder im Überleben des Fittesten noch im Überleben des Defätisten. Ginge es um die erste Eigenschaft, müssten wir uns mit Arnold Schwarzenegger zufriedengeben; ginge es um die zweite – ethisch angemessenere – Proposition, müssten wir uns mit Woody Allen abfinden. Der Zweck der Evolution, ob man es glaubt oder nicht, ist die Schönheit, die das alles überlebt und die Wahrheit einfach dadurch erzeugt, indem sie das Geistige mit dem Sinnlichen verschmilzt.«

Es hat zweifellos etwas Verlockendes, den Zweck der Evolution in der Schönheit zu erkennen, die sich damit als Aufgabe unserer Spezies darstellt und deren Erledigung hilft, mit dem Stress fertigzuwerden, den die Welt uns abverlangt, wenn wir in ihr überleben wollen. Das Vertrackte für die Wissenschaft besteht darin, dass sie das ästhetische Vergnügen zwar als einen Endpunkt von evolutionären Entwicklungen mit der so bezeichneten Gemütsregung zur Kenntnis nehmen, aber niemals behaupten kann, damit den Zweck der ganzen darwinistischen Veranstaltung begriffen zu haben und durchschauen zu können, die zudem unentwegt weitergeht und dabei bestenfalls dem Offenen zustrebt.

Verlockend ist auf jeden Fall die Idee, das Sammeln von Wissen mit der Erfahrung des Schönen beginnen zu lassen.

Die ästhetische Wahrnehmung beginnt im Auge des Betrachters, aber das Organ des Sehens funktioniert nur in Verbindung mit dem dazu passenden Gehirn. Wenn man das Rätsel der Menschwerdung in der Evolution auf einen Punkt bringen will, dann findet man ihn hier, denn alles, was Menschen über das Lebensnotwendige hinaus vermögen – gemeint sind unter anderem der Stoffwechsel, die Atmung, das körperliche Bewegen, das Wachstum und die sinnliche Wahrnehmung –, schreiben wir dem Organ unter der Schädeldecke zu. Hier versammelt sich auch das Wissen, um das wir uns Aristoteles zufolge ständig strebend bemühen, wobei der Philosoph der Antike den dazugehörigen Ort, an dem sich dieses Geschehen seiner Ansicht vollziehen würde, nicht im Kopf, sondern vielmehr im Herzen vermutete (mit dem wir allerdings auch verstehen können).

Was können wir mit unserem Kopf wissen? So formulierte Immanuel Kant die erste seiner drei Fragen, deren Antworten zusammen das große Thema einkreisen sollten: Was ist der Mensch? Da das evolutionäre Denken mit der in der zitierten Frage gestellten Aufgabe einigermaßen zurechtkommt, wollen wir die sich ergebenden Möglichkeiten ihrer Beantwortung erkunden. Die beiden anderen Fragen Kants – Was sollen wir tun?, Was dürfen wir hoffen? – führen wir dabei im Hintergrund mit, ohne direkt auf sie einzugehen.

Als Kant selbst versuchte, seine Frage nach dem Wissen zu beantworten, hat er die grundlegende Unterscheidung zwischen angeborenen Strukturen des Denkens und den Teilen eingeführt, die wir der Erfahrung verdanken. Tatsächlich beginnen wir nach dem Ende unserer Kindertage und Schulzeit all unsere Bemühungen um Wissen mit Vorstellungen, die wir ohne eigenes Tun zur Verfügung haben und die wir nicht aus Erfahrungen ableiten. Wir reden etwa von Raum und Zeit und erfassen, was Kausalität bedeutet. Wir verstehen, was mit diesen Konzepten oder Kategorien gemeint ist, und fragen nicht, woher diese Denkstrukturen kommen und wodurch sie geformt oder ausgefüllt wurden. Kant hat das auch nicht gefragt – er ist gestorben, bevor Darwin geboren wurde. Aber inzwischen kann man mehr dazu sagen, und dabei kommt die Evolution ins Spiel, die, wenn wir diesen Prozess recht verstehen, unsere kognitiven Fähigkeiten so einrichten musste, dass wir uns damit der Welt anpassen konnten, in der es um unser Überleben und um die Zeugung von Nachwuchs ging.

Seit einigen Jahrzehnten gibt es Bemühungen um eine evolutionäre Erkenntnistheorie, die zum Beispiel auslotet, welche »kognitive Nische« uns auf diese Weise zugewiesen worden ist beziehungsweise von unserem Denken eingenommen und ausgefüllt wird. Mit der »kognitiven Nische« ist der Ausschnitt der wirklichen Welt gemeint, an den sich unser Erkenntnisapparat im Laufe der Evolution angepasst hat. Der Physiker und Philosoph Gerhard Vollmer hat dafür den Ausdruck Mesokosmos eingeführt, der die »Welt zu mittleren Dimensionen« erfasst, mit der unser Verstand unter evolutionären Bedingungen zurechtkommen und die er bewältigen musste: Wir reagieren in Sekundenbruchteilen und leben viele Jahrzehnte. Wir müssen millimetergenau anvisieren und bis zum Horizont – rund zwanzig Kilometer vor uns – Ausschau halten. Wir können ruhig dasitzen oder wie ein Sprinter hinter Wild herjagen. Und wir können das Gewicht von Krümeln registrieren und wissen, wie schwer erjagte Tiere sind, mit denen wir uns abschleppen.

In diesem Rahmen von Raum und Zeit, Geschwindigkeit und Schwere findet sich das adaptive Wissen des Menschen zurecht, was im Umkehrschluss auch bedeutet, dass wir keine Ahnung mehr haben sollten, wenn wir diesen Rahmen verlassen, wenn es also um die Geschwindigkeit des Lichtes – runde 300 000 Kilometer pro Sekunde – oder um räumliche Dimensionen geht, die in Lichtjahren angegeben werden. Auch werden uns Abläufe wie die der Evolution überfordern, wenn sie mehr als eine Lebensspanne dauern und nicht nur Tausende oder Millionen, sondern Milliarden Jahre in Anspruch nehmen. Die Evolution hat uns also nicht darauf vorbereitet, die Evolution zu verstehen. Aber wie ist die exakte Naturwissenschaft trotzdem möglich geworden, die nicht nur die Entwicklung des Lebens in ihren methodischen Griff bekommt, sondern darüber hinaus den Kosmos und seine unvorstellbaren Weiten und Energien ebenso zu erfassen versteht wie die Atome mit ihren unvorstellbar winzigen Dimensionen und rasenden Geschwindigkeiten? Wer hat uns die Fähigkeit verliehen, den Mesokosmos zu verlassen?

Wenn man überlegt, wie das wissenschaftlich geleitete Überschreiten des evolutionär angelegten Wissenshorizonts gelingen konnte, dann fällt einem sofort die besondere Sprache ein, die Menschen zu diesem Zweck entwickelt und die wir alle als Mathematik gelernt haben. Das aus dem Griechischen stammende Wort bezeichnet ursprünglich etwas, »das zum Lernen gehört«; damit soll ausgedrückt werden, dass alle Menschen mathematische Fähigkeiten erwerben und entwickeln können (auch wenn dabei im Schulunterricht nicht unbedingt die geeigneten Verfahren eingesetzt werden). Tatsächlich lässt sich zeigen, dass der Erkenntnisapparat, den uns die Evolution zur Verfügung stellt und den wir mit der Geburt als Geschenk bekommen, mathematische Strukturen benötigt, um seine Aufgabe zu erfüllen und uns mit passenden Informationen über die Außenwelt zu versorgen. Dass unser kognitives System mathematisch zu Werk gehen muss, kann man sich klarmachen, wenn man daran denkt, dass wir mit unseren

Augen zwar nur in einer Fläche angeordnete Daten über die Umwelt erkennen, dass wir sie aber in eine räumliche (dreidimensionale) Vorstellung umwandeln – und wie anders kann dies geschehen als durch ihre Verrechnung?

Außerdem gelingen unserem Wahrnehmungsvermögen sogenannte Konstanzleistungen, die Auskunft über Farbe, Größe und Form eines betrachteten Gegenstands geben, und zwar unabhängig vom gerade eingenommenen (subjektiven) Gesichtspunkt. Dieses »objektive« Erkennen lässt auf das Operieren von mathematischen Strukturen im Inneren unseres Kopfes schließen, das unter anderem nach Invarianten sucht – eben den als konstant gemeldeten Qualitäten eines Gegenstands. Das Konzept der Invarianz findet später seinen Weg in die Wissenschaft, wo es erlaubt, Ordnung in die Vielfalt der Erscheinungen zu bringen – invariante Konzepte wie Masse, Ladung, Energie und andere mehr (wo es aber auch in die Irre führen kann, wenn man die Arten zu diesen invarianten Erscheinungen zählt).

Das Leben selbst ist ein Erkenntnis gewinnender Prozess, wie der berühmte Verhaltensforscher Konrad Lorenz einmal gesagt hat, und in der Wissenschaft setzen die Menschen dieses Umgehen mit und Vorgehen in der Welt bewusst und systematisch fort. Wir wollen immer mehr wissen, auch wenn Skeptiker behaupten, dass wir dabei zuletzt nur das Wissen erhalten, dass wir nichts wissen können.

Ein Grund, warum wir trotz dieser Warnung immer weitermachen, hängt mit einer Eigenschaft zusammen, die Psychologen als Grundqualität unseres Gehirns einschätzen, nämlich sein Unruhestand, seine permanent vorhandene Bereitschaft, etwas zu beginnen und anzustoßen. Die Überlebensrelevanz einer solchen Eigenschaft braucht nicht betont zu werden. Sie setzt das voraus, was man als Vergegenwärtigung der Zeit bezeichnen könnte. Unser Gehirn muss uns in die Lage versetzen, ein »Jetzt« von dem zu unterscheiden, was zu diesem Zeitpunkt hingeführt hat und was auf ihn folgt. Wir hatten diesen Aspekt unter dem Begriff der Vorsorge erwähnt, mit dem die Fähigkeit verbunden sein muss, nicht nur jetzige Bedürfnisse zu spüren, sondern künftige vorauszuahnen.

Es gibt nämlich noch einen anderen Grund, warum wir uns um immer größeres Wissen bemühen, auch oder gerade, wenn am Ende das Nichtwissen überwiegt. Es ist schließlich ein raffiniertes Nichtwissen auf hohem Niveau und sehr wohl vom dumpfen Unwissen zu unterscheiden. Man weiß zum Beispiel seit den Tagen von Albert Einstein nicht mehr, was Licht ist. Während das 19. Jahrhundert das Licht als Welle verstanden zu haben meinte, zeigte Einstein 1905, dass es sich nur dual – als Welle und Teilchen – fassen lässt. Wenn aber etwas zwei Eigenschaften in sich vereinigen kann, die sich gegenseitig ausschließen, dann kann man zwar alles Mögliche über dieses Etwas wissen – beim Licht zum Beispiel seine Geschwindigkeit, seine Farbe und seine Intensität –, nur nicht mehr, was es ist. Wir wissen jetzt sicher, dass wir nicht wissen können, was Licht ist.

Positiv gewendet: Licht bleibt ein Geheimnis, und darauf kommt es an, auch wenn viele Forscher das bedauern mögen. Denn »das Schönste, was wir erleben können, ist das Geheimnisvolle. Es ist das Grundgefühl, das an der Wiege von wahrer Wissenschaft und Kunst steht«, wie man bei Einstein nachlesen kann. Vielleicht bewundern wir ihn deshalb – obwohl wir seine den Mesokosmos sprengenden Theorien kaum verstehen –, weil er auf diese Weise die Aufgabe unserer Art erfüllt hat, von der oben die Rede war, nämlich Schönheit hervorzubringen, die Schönheit des Geheimnisvollen, das wir auch in der Natur selbst bestaunen und das unser Streben nach Wissen bedingt.

Man kann sagen, dass wir das Licht nicht mit dem Kopf, vielleicht aber mit Kopf und Herz verstehen können. Vielleicht sollte man denselben Versuch auch mit der Evolution unternehmen. Erst wenn wir ihr unser Herz zuwenden, können wir sie und uns verstehen. Die Evolution gibt sich auf jeden Fall große Mühe, Gestalten zu entwerfen, an denen wir ästhetisches Vergnügen empfinden und die ihr Geheimnis bewahren – die Menschen, die wir lieben, um mehr Menschen zu bekommen, die wir ebenso lieben.

Nachwort

»In der Biologie ergibt nichts einen Sinn, wenn man es nicht im Licht der Evolution betrachtet«, wie der aus Russland stammende und in den USA zu wissenschaftlichen Ehren gekommene Genetiker Theodosius Dobzhansky in den siebziger Jahren des 20. Jahrhunderts gegen Ende seines Lebens einmal geschrieben hat. Die Evolution muss diesem längst klassischen Satz zufolge dann auch das Licht sein, das uns den Menschen zeigt, so wie Darwin es 1859 gegen Ende seines Hauptwerks angekündigt hat: »Licht wird fallen auf den Menschen und seine Geschichte.« Er ahnte wohl, dass er damit ein weitgehend offen bleibendes und kaum abschließbares Forschungsprogramm angesprochen hatte, dessen zentrale Schwierigkeit im Jahrhundert vor ihm Kant durch seine Frage: »Was ist der Mensch?«, angesprochen hatte.

Vielleicht hat Kant erwartet, dass es auf seine – wie auf jede andere vernünftige – Frage eine sinnvolle Antwort gibt, zu der uns Methoden und Mittel führen, die für jeden Menschen erlernbar sind. Wie Kant und seine Zeitgenossen nicht wissen konnten und erst in den Jahrhunderten nach ihnen entdeckt wurde, kann man tatsächlich Antworten finden, aber eben nur im Plural, und dabei kann es vorkommen, dass viele der angebotenen Erklärungen schlecht miteinander vereinbar sind – Licht kommt uns als Welle und Teilchen entgegen, und die Natur können wir als unsere Mutter verehren oder als Ressource ausbeuten. Wir müssen offenlassen, was Licht und Natur sind, und niemand kann damit rechnen, dass sich an diesem Problem etwas ändert, wenn wir nach dem Menschen fragen. Wir werden nie sagen können, was er ist, und ebenso wenig werden wir festlegen können, wie er geworden ist und was er jetzt ist. Dennoch werden wir weiter versuchen, es zu erkunden, da dies unsere Natur mit sich bringt. Wir wollen wissen, und wir werden daran nichts ändern wollen.

Wenn ein großes Rätsel in einem kleinen Buch angesprochen wird, ist es wohl erlaubt, schelmische Bemerkungen der Art einzustreuen, der Mensch sei das Tier, das sich schämen könne und das auch solle. Wir wollen lieber nicht aufzählen, was alles von dem, was Menschen auszeichnet, auf diesen Seiten unbeachtet bleibt – unter anderem seine Sprache, sein Lachen, seine Frömmigkeit, seine Entdeckung einer zweiten (transzendenten) Wirklichkeit, in der Göttliches waltet, seine Begeisterung für Sportwettkämpfe, sein Suchtverhalten, seine Gewaltneigungen, sein oft maßloses Verlangen nach Reputation, sein Wunsch nach Freiheit sowie seine Fähigkeit, Institutionen wie Universitäten zu schaffen, die Stätten des Wissens, um das wir uns unserer Natur zufolge bemühen.

Alle Kultur des Menschen muss in seiner Natur wurzeln, wenn beide zusammenpassen und das Gefüge unserer Existenz ergeben sollen. Vielen erscheint die Kultur des Menschen als seine eigentliche Natur, und für ihr Verständnis greift dann erneut Dobzhanskys eingangs zitierte Feststellung. In diesem immer wieder erwähnten Satz steckt eine Überraschung. Zwar drücken viele Biowissenschaftler unserer Tage mit seiner Hilfe aus, was ihrer Überzeugung nach den Sinn ihrer Arbeiten ausmacht und die Richtung anzeigt, in welche die Daten der Forschung weisen und wie sie zu deuten sind. Doch der Urheber des Zitats wollte mit seinen Worten gerade nicht das ausdrücken, was die meisten denken, die sich auf ihn berufen, sondern sich vielmehr zu einem Schöpfer bekennen, der das Ganze kreativ in Gang gesetzt hat und in Bewegung hält.

Das macht zwar stutzig, aber Dobzhanskys Satz nicht unbrauchbar. Wenn wir ihn verwenden, müssen wir nur daran denken, dass wir zwei Fähigkeiten in uns vereinen. In uns treffen die früh entstandene Hinwendung zu einem Gott – also die Religion mit ihrem bindenden Glauben – und das später hinzukommende Vertrauen auf die Fähigkeiten der eigenen Vernunft – also die Wissenschaft mit ihrer methodischen Sicherheit – zusammen. Religiöse Menschen finden am Anfang zu Gott, wie Max Planck einmal gesagt hat, während wissenschaftliche Menschen erst am Ende zu ihm finden, beispielsweise dadurch, dass sie von ihren Einsichten überwältigt werden und die erzielte Erleuchtung religiöser leben.

Dobzhansky können wir zu dieser Kategorie zählen. Sein verdientermaßen klassisch gewordener Satz verdeutlicht auf diese Weise einen wunderbaren und unumstößlichen Sachverhalt: Unabhängig davon, wie das Leben angefangen hat und was ein Mensch glaubt, offenbart und entfaltet sich in ihm die unendliche Evolution. Sie gilt es mit Genuss und Gewinn zu erkunden. Alles andere ist langweilig.

ANHANG

Zitatnachweise

S. 17, 20: Die Zitate finden sich in: Browne, Janet: *Charles Darwin – Die Entstehung der Arten*. München 2007, S. 106, 14.

S. 25: Das Zitat findet sich in: Darwin, Charles: *Die Fahrt der »Beagle«*. Hamburg 2006, S. 498.

S. 26 f.: Das Zitat findet sich in: Browne, Janet: *Charles Darwin – Die Entstehung der Arten*. München 2007, S. 31.

S. 27 f.: Das Zitat findet sich in: Darwin, Charles: *Die Fahrt der »Beagle«*. Hamburg 2006, S. 524.

S. 29: Das Zitat findet sich in: Desmond, Adrian und Moore, James: *Darwin*. Reinbek 1994, S. 7.

S. 31, 32 f.: Die Zitate finden sich in: Browne, Janet: *Charles Darwin–Die Entstehung der Arten*. München 2007, S. 45, 48.

S. 36: Das Zitat findet sich in: Darwin, Charles: *Die Entstehung der Arten*. Stuttgart 1998, S. 101.

S. 36 f., 38, 38 f.: Das Zitat findet sich in: Browne, Janet: *Charles Darwin – Die Entstehung der Arten*. München 2007, S. 50, 61, 59.

S. 40: Das Zitat findet sich in: Darwin, Charles: *Die Entstehung der Arten*. Stuttgart 1998, S.126.

S. 43, 44 f., 45: Die Zitate finden sich in: Quammen, David: *Der Gesang des Dodo*. München 1996, S. 140 f., 144, 148.

S. 49: Die Zitate finden sich in: Desmond, Adrian und Moore, James: *Darwin*. Reinbek 1994, S. 404 f.

S. 53 f.: Das Zitat findet sich in: Mayr, Ernst: *Die Entwicklung der biologischen Gedankenwelt*. Berlin 1974, S. 480.

S. 63 f.: Das Zitat von Meyer findet sich in: Grolle, Johann (Hg.): *Evolution–Wege des Lebens.* München 2005, S. 80.

S. 76: Das Zitat findet sich in: Vollmer, Gerhard: *Evolutionäre Erkenntnistheorie.* Stuttgart 1990, S. 102.

S. 80: Das Zitat findet sich in: Fortey, Richard: *Leben – Die ersten vier Milliarden Jahre.* München 1999, S. 60.

S. 87: Das Zitat findet sich in: Storch, Volker, Welsch, Ulrich und Wink, Michael: *Evolutionsbiologie.* Berlin, Heidelberg u. a. 2007, S. 89.

S. 116: Die Zitate finden sich in: Lefèvre, Wolfgang, »Jean Baptiste Lamarck«, in: Jahn, Ilse und Schmitt, Michael (Hg.): *Darwin & Co.* München 2001, Bd. 1, S. 195, 200.

S. 128: Das Ovid-Zitat findet sich in: Ovid: *Metamorphosen,* Buch IV, Verse 750 ff., übers. und hg. von Hermann Breitenbach. Stuttgart 1980; die Bredekamp-Zitate finden sich in: Bredekamp, Horst: *Darwins Korallen.* Berlin 2005, S.62, 79.

S. 130: Das Zitat findet sich in: Storch, Volker, Welsch, Ulrich und Wink, Michael: *Evolutionsbiologie.* Berlin, Heidelberg u. a. 2007, S. 183.

S. 140 f.: Das Zitat findet sich in: Fischer, Ernst Peter: *Die andere Bildung.* München 2001, S. 316 f.

S. 142: Das Zitat findet sich in: Vollmer, Gerhard: *Evolutionäre Erkenntnistheorie.* Stuttgart 1990, Bd. 2, S. 86.

S. 146 f.: Das Zitat findet sich in: Bischof-Köhler, Doris: *Von Natur aus anders.* Stuttgart [3]2006, S.107.

S.160 f., 163, 164, 165, 167, 175: Die Zitate finden sich in: Waal, Frans B. M. de: *Der Affe in uns: Warum wir sind, wie wir sind.* München2005, S. 12, 322, 303, 302 f., 131, 133, 145, 153.

S. 175, 176: Die Zitate finden sich in: Eibl, Karl: *Animal Poeta.* Paderborn 2004, S. 153, 158.

S. 177, 179: Das Zitat findet sich in: Voland, Eckart: *Die Natur des Menschen.* München 2007, S. 106, 110, 111.

S. 182: Das Zitat findet sich in: Cathcart, Thomas und Klein, Daniel: *Platon und Schnabeltier gehen in eine Bar – Philosophie verstehen durch Witze.* München 2008, S. 103.

S. 183: Das Zitat findet sich in: Waal, Frans B. M. de: *Der Affe in uns: Warum wir sind, wie wir sind.* München 2005, S. 156.

S. 185 f., 186 f., 187, 188, 190: Die Zitate finden sich in: Bischof-Köhler, Doris: *Von Natur aus anders.* Stuttgart [3]2006, S.121, 122, 87, 246, 294.

S. 193, 194, 195, 196, 197: Die Zitate finden sich in: Eibl, Karl: *Animal Poeta.* Paderborn 2004, S.12, 13, 311, 315 f., 316.

S. 199: Das Zitat findet sich in: Brodsky, Joseph: *On Grief and*

Literaturangaben

Allgemein

Darwins Werke sind in verschiedenen Übersetzungen sowohl im Buchhandel lieferbar als auch im Internet zugänglich. Eine schöne Ausgabe der englischen Originalwerke – *The Voyage of the »Beagle«*, *On the Origin of Species*, *The Descent of Man*, *The Expression of the Emotions in Man and Animals* – mit Kommentaren von James D. Watson ist 2005 in Philadelphia erschienen.

Als Lehrbuch zur Evolution sei der Band *Evolution* von Douglas J. Futuyama empfohlen, der im Original mit Übersetzungshilfen 2005 in Heidelberg publiziert wurde.

Wer eine literarische Einführung in das evolutionäre Denken sucht, sollte in Thomas Manns *Bekenntnisse des Hochstaplers Felix Krull* das Gespräch lesen, das der Held mit Professor Kuckuck führt, wenn beide im Schlafwagen von Paris nach Lissabon fahren. Ich selbst bin zusammen mit Henning Genz dem Naturwissenschaftlichen in Thomas Manns Werk nachgegangen, und wir haben darüber unter dem Titel *Was Professor Kuckuck noch nicht wusste* berichtet (Reinbek 2004).

Zu empfehlen sind auch der Band *Evolution – Geschichte und Zukunft des Lebens*, herausgegeben von Ernst Peter Fischer und Klaus Wiegandt (Frankfurt a. M. 2003), und *Das große Buch der Evolution*, das 2008 in Köln erschienen ist.

Zu den einzelnen Kapiteln

Darwins Welt

Browne, Janet: *Charles Darwin – Die Entstehung der Arten*. München 2007.

Darwin, Charles: *Die Entstehung der Arten*. Stuttgart 1998.

Ders.: *Die Fahrt der »Beagle«*. Hamburg 2006.

Desmond, Adrian und Moore, James: *Darwin*. Reinbek 1994.

Quammen, David: *Der Gesang des Dodo*. München 1996.

Schlüsselbegriffe

Borré, Martin und Reintjes, Thomas: *Warum Frauen schneller frieren*. München 2005.

Campbell, Neil A.: *Biologie*. Heidelberg 1996.

Dawkins, Richard: *Das egoistische Gen*. 1978.

Fortey, Richard: *Leben – Die ersten vier Milliarden Jahre*. München 1999.

Grolle, Johann (Hg.): *Evolution – Wege des Lebens*. München 2005.

Storch, Volker, Welsch, Ulrich und Wink, Michael: *Evolutionsbiologie*. Berlin, Heidelberg u. a. 2007.

Vollmer, Gerhard: *Evolutionäre Erkenntnistheorie*. Stuttgart 1990.

Whitfield, Peter: *Landmarks in Western Science*. London 1999.

Wilson, David S.: *Evolution for Everyone*. New York 2007.

Unterscheidungen

Barton, Nicholas u. a.: *Evolution*. NewYork 2007.

Bischof-Köhler, Doris: *Von Natur aus anders*. Stuttgart [3]2006.

Bredekamp, Horst: *Darwins Korallen*. Berlin 2005.

Campbell, Neil A.: *Biologie*. Heidelberg 1996.

Conway Morris, Simon: *Life's Solution*. Cambridge 2003.

Fischer, Ernst Peter: *Die Welt im Kopf.* Konstanz 1985.
Ders.: *Die andere Bildung.* München 2001.
Lefèvre, Wolfgang: »Jean Baptiste Lamarck«, in: Jahn, Ilse und Schmitt, Michael (Hg.): *Darwin & Co.* München 2001, Bd. 1, S.176–201.
Storch, Volker, Welsch, Ulrich und Wink, Michael: *Evolutionsbiologie.* Berlin, Heidelberg u. a. 2001, S. 136.
Vollmer, Gerhard: *Was können wir wissen?* Stuttgart 1986, Bd. 2. Zimmer, Carl: *Evolution.* New York 2001.

Conditio humana

Aristoteles: *Metaphysik.* Reinbek 1994.
Bischof-Köhler, Doris: *Von Natur aus anders.* Stuttgart [3]2006.
Brodsky, Joseph: *On Grief and Reason.* New York 1995.
Cathcart, Thomas und Klein, Daniel: *Platon und Schnabeltier gehen in eine Bar – Philosophie verstehen durch Witze.* München 2008, S.103.
Eibl, Karl: *Animal Poeta.* Paderborn 2004.
Einstein, Albert: »Wie ich die Welt sehe«, in: Ders.: *Mein Weltbild.* Berlin [272 001].
Henke, Winfried und Rothe, Hartmut: *Menschwerdung.* Frankfurt a. M. 2003.
Portmann, Adolf: *Biologische Fragmente zu einer Lehre vom Menschen.* Basel 1944, Neuauflage 1969.
Voland, Eckart: *Die Natur des Menschen.* München 2007.
Waal, Frans B. M. de: *Der Affe in uns: Warum wir sind, wie wir sind.* München 2005.

Nachwort

Dobzhansky, Theodosius: »Nothing in Biology Makes Sense Except in the Light of Evolution«, in: *The American Biology Teacher* 35(1973), S.125–129.

Personenregister

Bildnachweis

Abb. 1: dpapicture-alliance/maxppp, Fotograf: Costa.

Abb. 2, 4, 5, 9, 12: Archiv des Autors. Die Abb. 4 und 5 wurden von Peter Palm, Berlin, nachgezeichnet.

Abb. 3 aus: Whitfield, Peter: *Landmarks in Western Science*. London 1999, S. 208.

Abb. 6 aus: Gehring, Walter J.: *Wie Gene die Entwicklung steuern*. © Birkhäuser Verlag. Basel 2001, S. 29.

Abb. 7, 8 aus: Bredekamp, Horst: *Darwins Korallen*. Wagenbach Verlag. Berlin 2005, S. 85, 58.

Abb. 10 aus: Storch, Volker, Welsch, Ulrich und Wink, Michael: *Evolutionsbiologie*. Springer Verlag. Berlin, Heidelberg u. a. 2007, Reihe: Springer-Lehrbuch; 2., vollst. überarb. und erw. Aufl., 2007; ISBN: 978-3-540-36072-8, S. 136.

Abb. 11 aus: Markl, Jürgen: *Biologie der Organismen*. Spectrum Akademischer Verlag. Heidelberg 1998, 1. Aufl.; ISBN: 9783-8274-0286-8, S. 181.

Abb. 13 aus: Waal, Frans B. M. de: *Der Affe in uns: Warum wir sind, wie wir sind*. Aus dem Englischen von Hartmut Schickert. © 2006 Carl Hanser Verlag. München, S. 26.